藍學堂

學習・奇趣・輕鬆讀

DATASTORY

Explain Data and Inspire Action
Through Story

矽谷簡報女王

用數據說出好故事

Nancy Duarte

南西・杜爾特——著

顧淑馨——譯

致想變得更好的你

各方讚譽

「當前行業的許多破壞式創新，都是數據促成的。把數據與說故事相結合，你的領導力將如虎添翼。」

——李夏琳（Charlene Li），《破壞心態》（*The Disruption Mindset*）和
紐約時報暢銷書《開放式領導》（*Open Leadership*）作者

「工作離不開數據，又努力想化解研究和解釋數據間的鴻溝，那本書正是你的路線圖。」

——柴克‧吉米納尼（Zach Gemignani），精髓分析公司
（Juice Analytics）執行長，《數據暢流》（*Data Fluency*）作者

「杜爾特意識到人類愛聽故事，就連處理數據也不例外。杜爾特一如既往，在本書中用她無可比擬的方式教導、啟發讀者。」

——史考特‧貝里納托（Scott Berinato），《哈佛教你做出好圖表》（*Good Charts*）、《哈佛教你做出好圖表練習手冊》（*Good Charts Workbook*）作者

科技技術創造了前所未有的數據產出速度。數據以故事形式交流，可以賦予意義，意義驅動行動。

——珍妮佛‧艾克（Aaker Jennifer），史丹佛大學商學院教授

在這個數據不堪負荷的時代，要說出吸引人的數據故事很難。杜爾特卻出色、更有意義地幫助我們與觀眾建立聯繫。對於想改變數據故事的商業講者來說，這是一本必讀之作。

——傑瑞米·懷特（Jeremy Waite），IBMiX數位網絡部門首席客戶長

商業世界從不缺乏數據，但總是缺少將數據化為現實的說故事人才，故事能引導企業真正變革。沒有比南西·杜爾特更能幫助你學習「數據故事化」並快速做出正確決策的人了。

——蒂芬妮·波瓦（Tiffani Bova），Salesforce的「成長創新傳道人」、
《全球800 CEO必備的應變智商》（*Growth IQ*）作者

「我像平常一樣，看著南西把所有一切投入本書中。這本書算是她到目前為止的最佳著作。不過我最感驚奇的是，她哪裡有那麼多時間，要做賢妻良母，要經營公司，還要寫作。這是一本不同凡響的書，作者是一位同樣不同凡響的女性。」

——馬克·杜爾特（Mark Duarte），愛妻夫和孩子的爸

目錄

各方讚譽   004

簡報水晶球的神奇魔法／王永福   009
她來、她寫、她征服／RainDog 雨狗   011
讓數據說話，更要說一個好故事／劉奕酉   013
理性力量發酵，讓我們流下感性的眼淚／楊斯棓   015

導言：故事與數字如何刺激大腦   019
認識故事科學／把數字轉換為故事／用數據溝通來領導／
投資時間於溝通技巧／擁抱故事的力量

第一篇：與人溝通數據   033
第 1 章　成為數據溝通者   035
投資於數據溝通技巧／用故事解說數據／成為故事裡的導師／
用數據解決各種問題和機會／進入創意過程／培養直覺

第 2 章　與決策者溝通   049
認識決策者／高階主管很忙，請尊重他們的時間／如何評量高階
主管的績效／了解高階主管如何汲取資訊／預期會被質問和打斷

第二篇：運用故事架構展現數據的清晰度   063
第 3 章　建立數據觀點   065
建立個人數據觀點／了解大品牌如何溝通數據／為數據觀點選擇
最有效的行動／解讀績效和進程的動詞／以最佳的策略見解規畫行動

第4章 把行政摘要寫成數據故事　　　　077

善用故事的轉折架構／用三幕劇結構撰寫行政摘要／
改變紛擾中段的命運／在第三幕用上數據觀點

第5章 用「主題型」架構創造行動　　　　089

結合邏輯和說服力的寫作／打造建議樹／定義支持數據故事的行動／
解說理由才能引發動機／自我質疑／納入「如果……，就成立」的
假設／檢視建議樹的組成

第三篇：製作清楚的圖表和投影片　　　　105

第6章 選擇圖表和撰寫研究心得　　　　107

選用人人都懂的圖表／為圖表下清楚的標題／描述研究心得／
用形容詞陳述直條圖的大小／用形容詞陳述組成圖的比例／
用副詞陳述折線圖的趨勢

第7章 把觀察見解加入圖表中　　　　121

為圖表附加注解／強化數據點／在數據點上做數學／
用視覺消化你的觀察洞見

第8章 建立容易瀏覽的視覺文件　　　　133

把建議做成視覺文件檔／把視覺文件想成一本視覺書／編排方便
閱讀的內容／變化標準格式以凸顯內容／務必讓讀者看到強調的
文字／檢視建議樹的構造／把視覺文件當成建議樹來檢視

第四篇：讓數據深入人心   151

第 9 章 正確說出數據規模   153

用聯想物來比擬數據／傳達規模大小感受／連結數據與可聯想的規模／
連結數據與可聯想的時間／用可聯想的事物比喻數據／
表達對數據的感覺

第 10 章 人性化數據   171

數據的英雄和敵人／認識數據的敵人／處理數據中的衝突／
與角色對話／分享文字脈絡，為數據增添意義／
用數據拯救生命──個案研究：蘿莎琳·皮卡德博士

第 11 章 用數據說故事   191

利用懸疑呈現數據／揭露隱藏的數據／凸顯或隱藏數據／
揭露隱藏的數據──個案研究：艾爾·高爾／用情緒轉折說故事──
個案研究：寇特·馮內果／故事的情緒轉折獲得數據確認／
把壞結局反轉為灰姑娘轉折──個案研究：內部全體會議／
慈善事業：用數據說水的故事──個案研究：史考特·哈里遜

結語   218

附錄   221

推動故事進展／用單頁建議樹加速決策

資料來源   226
版權註記   229
致謝   230

簡報水晶球的神奇魔法

王永福

想像一下這個簡報場景：你花了很多心思，準備了一場對上級老闆的簡報。你也找了過去5年，所有的市場數據、行銷數字，精心設計了精美的圖表，花了許多個晚上不眠不休，就是希望讓老闆們眼睛一亮。在簡報當天，你信心滿滿的站上台，才開始簡報5分鐘，正當你還在講述第3張趨勢圖時，冷不防老闆突然說了一句話：「所以，這次報告的重點是什麼？這些數據代表的結論是什麼？接下來應該怎麼做？」

面對被打斷的簡報，你急急忙忙的跳到第15張投影片，回答老闆的問題。沒想到老闆接著又問了下一個問題。就在這樣跳來跳出的簡報切換中，你完成了這場簡報。老闆起身趕往下一個會議，只留下你自己一個人面對電腦及投影機。

除了累與疲憊，也許你可能會想：如果有一顆水晶球，可以讓我知道老闆心裡在想什麼，那就好了……。

這本書，就是那顆神秘的水晶球！不止為你揭露老闆們心裡的想法，更導引你未來簡報的方向。

簡報女王南西・杜爾特的書，一直在我的推薦書單中。每次在專業簡報力課後或演講的尾聲，我經常向學生推薦杜爾特的簡報書。這本《矽谷簡報女王用數據說出好故事》，更是一本貼近企業實務，馬上解決大家心中專業簡報問

題的實用秘訣。

「老闆心裡在想什麼？為什麼總是打斷簡報？」，書裡面第2章與決策者溝通會告訴你。「什麼叫做簡報有邏輯、有架構？」，書裡面的3大架構、內容理由方法、以及不斷的自問為什麼……，一一為你解答疑惑。

甚至企業學員最常問到的一個問題「如果老闆要我事先交投影片，那我應該交給他什麼樣的投影片？是把說明文字密密麻麻全部打在投影片上？還是只呈現漂亮卻資訊量不夠的投影片？」這個問題在本書也提供了「視覺文件檔」這個好解答。更不用說如何轉化資料成為資訊；如何選擇適當的圖表；怎麼樣把冰冷的數據，傳達得更有溫度；怎麼用故事的分段轉折，為簡報加入更多的精彩。書裡面很多的章節，會教你很多的秘訣。

簡報，是職場不公平的競爭力！這不是人人都會、人人都能掌握的技巧。但只要你能掌握，就有機會站上職場舞台發光發熱，10多年簡報教練的經驗，我看過太多的例子証實了這個論點。如今擁了這顆「簡報水晶球」般的好書，施展書中的簡報魔法，相信更能強化你的簡報能力，讓你未來在專業簡報時無往不利。

身為簡報教練，我推薦每個認真想修練專業簡報力的人士，都該擁有這本好書，我誠心推薦。

（本文作者為暢銷書《上台的技術》、

《教學的技術》作者，頂尖上市企業簡報教練）

她來、她寫、她征服

RainDog 雨狗

　　一直致力於將美、日、歐最新簡報好書與思潮引進台灣，讓台灣簡報愛好者資訊，能與全球簡報菁英同步的雨狗，2019年9月看到本書的原文版 DataStory 出版時，第一時間就在國外網站下單；看完全書之後，原本正打算舉辦導讀會和台灣朋友分享這本經典好書之際，卻剛好遇到新冠疫情爆發而暫停計畫。如今看到《商業周刊》推出了繁體中文版，著實是台灣簡報學習愛好者的一大福音。

簡報女王「一如既往」的寫書方式？

　　繁體中文版與原文版有個共同點：兩家出版社都找到了最合適的人寫推薦文。原文版找到了《哈佛教你做出好圖表》作者，寫出了這本堪稱是簡報圖表知識最佳百科全書的史考特・貝里納托來推薦。貝里納托形容杜爾特 「一如既往，用無可比擬的方式教導、啟發讀者」。這是極為精確的描寫，因為杜爾特一直以來的寫書方式，就是進入一個領域或先針對某個主體，然後寫出該領域最好、最經典、一本他人之後再也無法超越的書籍。這次的《矽谷簡報女王用數據說出好故事》，杜爾特確實一如既往地又做到了！

無可比擬的杜爾特

　　至於貝里納托所用的詞「無可比擬」，原文是inimitable，這也是我每次看杜爾特的書籍時會有的奇妙感受。同樣是簡報書，杜爾特的書就是會有她的獨特性與原創性，能創造出一番別開天地、另創乾坤的氣象與格局。這應該歸功於她比其他作者擁有更寬廣的簡報視野。

　　成功簡報的背後，包含了三大專業知識系統：口語傳播學、圖文傳播學，以及認知神經科學。本書就處於這三大知識體系交集之處的甜蜜點。圖表的選擇與製作屬於圖文傳播學，說故事的方法與技巧屬於口語傳播學，而故事又是如何影響人們的思想與情感，則屬於認知神經科學的範疇。這樣的主題如果要寫得好，就必需像杜爾特一般同時精通這三門專業知識。

什麼人適合看這本書？

　　為了寫推薦序，原文版在亞馬遜 (Amazon.com) 上至今所有的讀者評論，我全都看過一遍。在絕大多數五星好評的評價之外，少數的保留意見不約而同指向同一點：本書只教你怎麼運用數據來說出好故事，卻缺少了如何實際做出好圖表的教學指引，所以實用價值似乎打了點折扣？

　　是的，杜爾特這本書的書寫對象，其實是以下這兩類讀者：現在的職場菁英與高階主管，以及未來的領導者和決策者。當你能夠跳脫出圖表製作的細節，以更大的格局來看待簡報，你終將擁有無可比擬的精彩。

（本文作者為簡報奉行創辦人）

讓數據說話，更要說一個好故事

劉奕酉

　　說到數據，你會想到什麼？統計、圖表，還是令人討厭的數學？

　　人是視覺化的動物，比起文字，大腦更擅長處理圖像。大腦理解圖像的速度，比消化文字快上6,000倍。將數據視覺化，能夠讓資訊易於閱讀、好理解，達到有效溝通的目的。

　　相較於過去，數據視覺化的重要性有增無減。首先，是我們的生活周遭充滿著數據視覺化的內容，從行動裝置的操作介面、商場的促銷廣告到社群媒體的各式行銷文宣，都在無形中提高了我們對於視覺化標準的門檻。

　　其次，隨著資訊科技的發展，即時產生的數據量愈來愈龐大，各種複雜數據都可以被蒐集到，大數據在各產業更是蔚為風潮。但我們無法直覺地從數據中觀察出有價值的資訊，必須透過數據視覺化得以展現出趨勢、變化與異常，做出更即時、品質更好的的決策。

　　隨著各種數據視覺化的技術與工具的出現，我們運用數據的能力並沒有因此而提升。杜爾特在書中明確指出：我們可能搞錯了視覺化的本質！數據的視覺化，是為了更好的溝通。要做到有效溝通，就必須懂得分享多少資訊、用什麼方式，以及誰去傳達？

　　讓數據說話，不是賣弄專業的統計數字，或是製作華麗的圖表來展現自己

有多厲害，而是透過數據來支撐我們的主張，同時與受眾建立關聯，讓對方知道與其何關？對其何益？才能達到有效的溝通。這也是杜爾特在這本書中所要強調的重點：如何溝通數據？如何讓突出的見解更醒目？

不只是溝通，在我們的日常生活與工作中，也隨處可見到數據視覺化的威力。

比方說，職場上的簡報、提案與商務談判，須要透過關鍵數據與圖表來提高認同與說服力；社群媒體的內容行銷、文案須要透過數據視覺化來提升公信力、創造行動的誘因。

不只讓數據說話，更要懂得如何說出一個好故事。

書中的四個篇章，從如何與人溝通數據、如何運用故事架構展現數據、如何製作圖表與簡報，到如何讓數據深入人心，涵蓋了數據溝通的完整面向。懂得運用說故事的技巧，能讓數據更吸引人、更能激發對方採取期望的行動。

如何做到？我想答案就在這本書中，用一樣的數據、展現出不一樣的洞見！

（本文作者為職人簡報與商業思維專家）

理性力量發酵，讓我們流下感性的眼淚

楊斯棓

十五年前，紀錄片《不願面對的真相》（*An Inconvenient Truth*）探討氣候變遷，廣受全球注目。美國前副總統高爾（Al Gore）侃侃而談的背後，有賴簡報教母南西・杜爾特的精準操刀。

她既是軍師，也是女王。著作等身的她，十年前以《視覺溝通：讓簡報與聽眾形成一種對話》（*slide : ology*）及《視覺溝通的法則》（*Resonate*，新版書名改為《簡報女王的故事力！》）兩書席捲全台。用便利貼發想簡報內容的方法，訴求視覺化投影片以加強說服力道的做法，蔚為風尚。坊間簡報工作坊所有增加簡報技巧的教學方法，大多脫胎於杜爾特長年的倡議。

她不是蹭高爾而起，而是高爾搭她的順風車。

杜爾設計公司早在1988年就創立，他們的業務從「幫助客戶做簡報」做起。杜爾特的最新觀點常是簡報界的全球指標。她的新作往往是當年度呈現簡報時最該重視的元素。這回杜爾特帶來的關鍵元素是：DataStory，我們可直譯為：用數據說故事。作者特別強調以數據為本，在故事力蔚為顯學的今日，格外珍貴。

一個故事只要讓人掉淚，大多數人往往直觀認為那必然是一個好故事。

其實，故事只要有使人信賴的數據當骨架支撐，又能提升到另一個境界，

更值得、也更容易被長久傳頌。不只催淚，而是讓我們打從心底因為有所依據而強烈信服。

一言以蔽之：理性力量發酵，讓我們流下感性的眼淚。我舉兩個故事，呼應作者：

一、《好房子》一書作者邱繼哲，他曾用數據講一個66%的故事，他改造了一間位在高雄的透天厝，只用了三個方法：

1.屋頂改鋪橡膠隔熱磚。

2.點光源改用LED燈泡。

3.線光源以T5燈管跟反射鋁板取代。

然後他呈現一份為時五年的台電電費帳單，改裝的時間點大約是第三年底，後兩年的用電度數相較以往，足足減少66%。此例說服聽眾：節能有道，大幅降低用電度數指日可待。再「憨慢」的改裝方法，就算只有上述成果的一成，也能省下6.6%的電。

二、好友L曾介紹B型企業DOMI綠然給我認識，官網上可用一萬元購買一份「幫助弱勢家庭，點亮無窮希望──全套節能燈具組合」。該公司根據社會局一級貧戶資料，一萬元的經費用來拆換一家貧戶的耗能燈具，改以LED節能燈泡。DOMI綠然也是善用數據說服人的高手，我羅列官網幾點訊息：

1、照明用電占家庭用電比高達：40%。

2、LED燈跟省電燈泡相比，節電50%。

3、LED燈具平均壽命高達20000小時。

根據這些數據，我很快被說服，線上捐款五萬塊，讓DOMI綠然可以幫助

五戶人家擺脫能源貧窮。這或許是他們改變命運的起點。

這本書不只談心法，也是一本技法書。深究許多觀念之餘，也提及諸多呈現圖表精髓的訣竅，小至一個動詞對於call to action（號召行動）給不給力，都諄諄列舉！

不管你過去是否認識杜爾特，《矽谷簡報女王用數據說出好故事》這堂課，千萬別缺席。

（本文作者為《人生路引》作者、方寸管顧首席顧問、醫師）

導言

故事與數字
如何刺激大腦

認識故事科學

用故事點亮腦部，是其他溝通形式都辦不到的。科學家研究了人類聽故事時的腦部狀態，測量腦部活動情況後並繪出圖形。

故事吸引感官

故事可以吸引大腦的所有層面：直覺、情緒、理智、肉體。我們聽故事時，大腦對資訊的理解會更完整。一旦受到吸引，邊緣系統（腦部主管情緒的部分）會分泌化學物質，刺激獎賞感和連結感。故事也會觸動腦部布洛卡區（Broca，語言處理）和韋尼克區（Wernicke，語言理解）。觸動作用會一路傳導通過運動皮層、聽覺皮層、嗅覺皮層、視覺皮層、共同記憶、杏仁體。

> 當你發現自己被某個故事情節所牽引，那種共鳴始於大腦。這是使身體和情緒產生反應的第一個觸動作用。

故事帶動我們去行動

腦部因故事做出的反應，可能引起同理感、急迫感、甚至很大的傷痛感。有人做過一個研究，讓參與者聽一則故事，講述父親與臨終的年輕兒子之間的關係，然後測量他們的神經反應，結果發現有兩種情緒讓參與者感受強烈：悲痛和同理心。參與者聽故事前後的變化也受到監測，結果顯示皮質醇激升，故事會使我們的注意力集

中，還有激升與同理心有關的催產素。最令人驚訝的發現是，故事可能改變腦部的化學作用，迫使我們採取行動。

> 引人矚目的故事，讓我們與他人產生感情連結，進而有動力採取行動。

故事帶動人們去感受

故事有神奇的能力，可以讓觀眾完全沈浸其中，感覺像是被送進故事情境裡一般。分析事情時，人們傾向批判性的思考，少一些正面感受。但是當精神上受到故事刺激，人的注意力就會離開批判性思考，轉向正面感受。用故事編輯出的產品廣告，可以讓消費者想像自己使用產品時享受到的好處，從而說服消費者想購買這個產品。

> 給觀眾感同身受的激動，使他們走進故事的中心，覺得自己就是故事裡的主人公。

故事讓彼此更接近

用嘴說故事會在講者與聽者之間，創造有力的連結。彼此的思緒、腦部活化和行為會同步，大腦等於像鐘錶一樣「一起滴答」運作。在交換故事時，我們建立起共同的經驗，為口中的字句注入情感，是威力十足的工具。故事使我們心靈融合，情感更為一致。

> 要是你曾有過聽故事時，突然感到一股情緒湧上來，那是因為腦部運作自動啟動，並且渴望以身體來處理與口述有關的情緒。

把數字轉換為故事

同理心對杜爾特設計公司來說，是工作的DNA，故事則是贏得人心和刺激行動的方法。以下內容我將分享，以故事形式來溝通數據的技巧。數據自己不會發聲；須要說故事的人協助。

數位裝置如此發達，技術發展如此進步，任何人物、地點、事物或想法，都有方法測量和追蹤，可是如果說不出數據想呈現的故事，這些數字其實一點價值也沒有。說故事為何如此重要？因為人腦天生是為了處理故事而設計。把數據轉換為生動的景象，把發表方式安排為故事形式，就能使觀眾知道你想用數據表達什麼。

在《黏力，把你有價值的想法，讓人一輩子都記住！》（ *Made to Stick* ）中，奇普和丹・希斯（Chipand and Dan Heath）教授和史丹佛大學的學生曾做過一項實驗，目的在測試事實與故事哪個容易記住。實驗中每個學生要用奇普提供的數字，做一分鐘有關犯罪的演講。書中寫道：「在這平均一分鐘的演講中，一般學生會引用2.5個統計數字。只有1/10的學生懂得說故事。」實驗的第二部分，是要學生回憶剛才聽到的內容。只有5％學生記得某項統計數字，卻有63％學生記得聽到的故事。學生能夠記得那些故事，是因為情緒被啟動了。

問題來了，在討論數據溝通的書裡，要如何定義故事？

我先從什麼不是故事講起。我不是要各位擁抱童話故事，或是把任何有創意的虛構故事，納入數據溝通的過程中。反而是要各位採用，強而有力的故事

結構，好讓別人可以記住和複述你所說的內容。故事也能夠幫助觀眾接受自己須要做的改變，因為故事中的訊息會轉化到他們的心中和腦子裡。

事實不如故事那麼好記

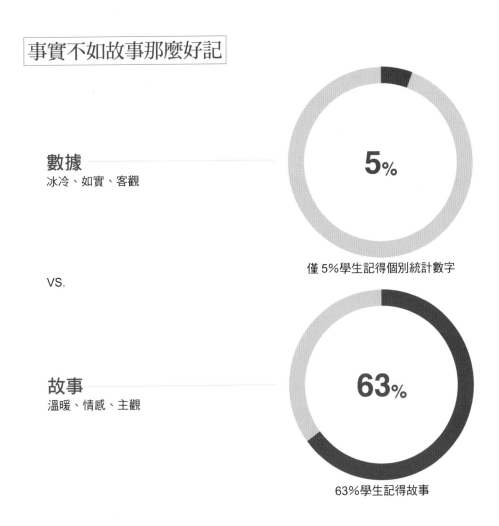

數據
冰冷、如實、客觀

僅 5%學生記得個別統計數字

VS.

故事
溫暖、情感、主觀

63%學生記得故事

用數據溝通來領導

現在不停有人高談闊論：數據、大數據、小數據、深數據、厚數據以及學習分析數據的機器。還有好多組織利用數據做著很酷的事，理論上是因為，你也猜到了，有了數據就可以改善生活。當然組織的各種問題或機會，不會靠一套演算法就冒出所有的答案。

數據只是用人為的數字，記錄過去曾經發生的事。找出歷史事實，對做出正確的決策十分重要。工作中與數據為伍的人，本性上追求著真相。可是當你升到領導職位時，大部分的時間裡，卻是溝通著須要他人與你一起開創的未來。**溝通數據會塑造未來的真相，即是未來的事實。**對於塑造人類和組織都能興盛發達的未來，擅於溝通扮演關鍵角色。

從過去得到的洞見，會告訴我們該走的方向和該採取的行動，可是要別人跟著這些行動前進，必須有人能好好溝通才辦得到。

有效溝通的基礎是同理心。確保別人懂得你的提議，這一點的重要性必須高過你對數據的個人或專業偏好。你認為圖表很清楚，也許很多人覺得很複雜，那並不是觀眾不夠聰明，而是他們來自不同的背景，而且對數據分析的知識，往往跟你有不一樣的深淺度。你覺得太過簡單的東西，或許別人覺得這才容易了解。

本書談論的是數據溝通，做這種溝通須要針對觀眾，量身裁製你的訊息。大部分由數據得到的見解，都會顯示須要提出的建議（也稱為企畫案、行動計

畫或報告）。有時你建議的行動，須要獲得最高層的批准。溝通高手會提供簡單扼要的數據，結構清晰明白，同時說出令人信服而難忘的故事。

在視覺和口語上不要模稜兩可，好把注意力導向關鍵的結論上，讓別人容易理解為什麼要同意你的提議。精通有效率又有鼓舞人心的溝通技巧，好處多多。

有效溝通數據，不是靠做一些很酷的圖表來展現自己有多聰明。不是那樣，有效溝通是指懂得要分享多少資訊、用什麼方式，以及誰去傳達才恰當。

投資溝通技巧來促進事業發展

激勵階段

領導者
發表使數據深入人心的簡報，以激勵他人採取行動。

說明階段

策略顧問
用視覺文件
（slidedoc），
透過以故事為
架構的建議，
說明你的觀點。

探索階段

個人貢獻
探索和分析數據，
以供他人解讀。

投資時間於溝通技巧

各行各業對於數據的人才需求雖然快速增加，可是精通數據學卻不是雇主最希望的技能，溝通能力強才是他們最想要的技能。

在2018年底，領英（LinkedIn）執行長傑夫‧韋納（JeffWeiner）曾分享，針對企業勞動人口技能差距所做的調查和結果。領英用他們開發的天才洞見（TalentInsights）工具，比較線上發布的工作職缺，對比能夠從事這些工作、擁有該技能的人力。結果技能差距的第一名，是軟技能（softskills）。在高達160萬的軟技能差距中，有99萬3,000份工作須要口語溝通技巧，14萬份工作須要寫作技巧。韋納的結論是，溝通技巧很強的人不會被人工智慧（artificialintelligence，AI）等新興科技所取代。

軟技能差距

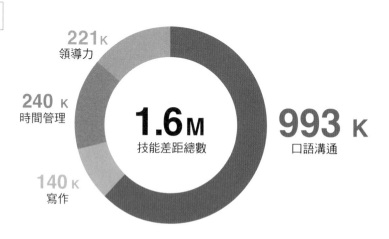

221к
領導力

240 к
時間管理

140 к
寫作

1.6M
技能差距總數

993 к
口語溝通

分析軟體公司燒玻璃科技（Burning Glass Technology）為IBM做的另一項研究發現，雇主要求數據科學家具備軟技能的程度，幾乎勝過其他工作。雇主想要能夠結合數據探勘、解決問題和寫作等技能的員工。

請注意，創意也在軟技能清單上。不過這並不表示雇主要找有數字創意的人。他們要找的，是能夠創新解決方案的人，能夠憑直覺產出數據觀點，並且根據數據中的發現，發明不一樣的未來。

這些軟技能很少可以在理科、財經或統計課程中學到，只有人文學科才能培養。然而我們無法再回學校學習這些，好消息是，本書中談到的溝通方法，有助於縮小這種技能上的差距。

數據科學和其他所有工作要求軟技能的百分比

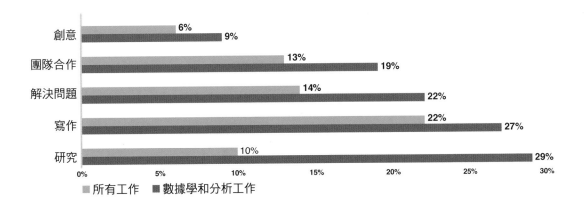

擁抱故事的力量

讀完本書後，你就能運用說故事的技巧，從數據中提出建議並激發行動。儘管各產業的領導人花大錢蒐集和分析數據，但是當有人具說服力傳達數據所代表的意義時，數據才會有價值。

　　我研究本書時，從杜爾特設計公司的客戶那裡，蒐集了幾千張呈現數據的投影片。為什麼用投影片而不是繪製圖表？凡是組織最出色的策略性思考，以及最聰明的視覺和語言溝通，通常都是用投影片組來發表。我們從廣泛的領域，包括顧問、消費、技術、金融、醫療等等產業，找出全世界表現最佳的品牌，取得這些品牌公司具代表性的數據投影片。我的團隊按圖表的種類，特別是按與數據有關的用詞，分類投影片。

　　有許多投影片來自視覺文件（Slidedocs™），那是有圖片和密集文字說明的投影片組，目的是傳閱而不是正式報告。

　　本書的圖表不多，比你常用的圖表，以及市面上參考書裡教的圖表簡單許多。我發現，複雜的圖表會導致讀者，把重心放在檢視數據的細節上，那不是本書的主題。本書談的，是如何溝通數據，不是如何得出數據。你會發現書中的數據組都很簡單。

書中圖表也盡可能抹去產業色彩，好讓最突出的見解更醒目。

學習說故事後，我變得對語言包括文法，充滿敬意，所以我承認，雖然單數型的「資料（datum）」現在已經很少人用了。但只要用複數型「資料（data）」怪怪的時候，我就會用單數型。

是啊，溝通有時很難。不過收益卻格外豐碩。如果用心培養溝通技巧，你會看到自己的事業和公司，成就你難以想像的事。

請享用本書

nancy

「只要有個會說故事的人
好好講述，數據就會傳達出
它們各自的故事。」

——南西・杜爾特

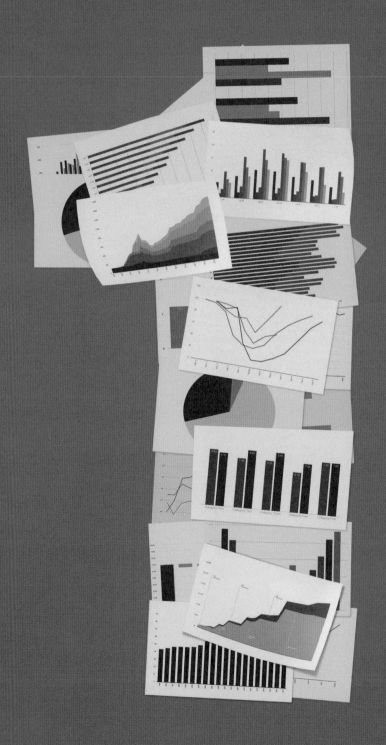

第一篇

與人溝通數據

第 1 章

成為數據溝通者

第 2 章

與決策者溝通

第1章

成為數據溝通者

投資於數據溝通技巧

幾乎每種產業的各家公司，都已經能夠取用大量儲存的智慧型數據，這些數據提供企業競爭優勢。據國際數據公司（International Data Corporation）預測，到2025年全球的數據會增加10倍。約在175皆位元組[1]（zettabytes）上下。

　　數位工具被動、不斷地聆聽和觀察我們，注意我們的每個動作。我們則用數據發明新的商業模式，協助員工提升生產力，還有改進顧客經驗。顧客則是期待數據可以在任何時候、任何地點輕易地取得。要是無法提供這種便利性，企業、組織可能失去競爭優勢。

　　蒐集、儲存、分析和提供數據，是件令人生畏的挑戰，然而更大的挑戰是，善用數據來推動決策。為了從排山倒海的數據理出頭緒，必須有更多人投入數據溝通的角色中，懂得如何利用已經掌握的各種數據，把從中得到的發現，實際應用在生活中。**高階主管必須根據數據分析，不斷做出決策。他們要求以專家方式呈現數據。**

　　行銷人員有市場分析，業務人員有達成率，軟體開發師有編碼修正率，人資計算員工保留率，而學者、科學家、政策專家和工程師，則必須從複雜的數

1.後面有21個0，即1,000,000,000,000,000,000,000位元。

據中得出洞見，做為工作的依據。資誠會計師事務所（PwC）研究指出，有67％職缺要求懂得數據分析。各位會閱讀本書，想必也是因為從事相關類型工吧。

或許你的工作要求你時時刻刻浸淫在數據中，從中挖掘各種發現。或許你的次要工作，無論是自己做決策，或向他人報告，皆須要用到數據。也可能你與同事經常製作附上大量數據的簡報，好向他人報告你們的新發現。又或許你才剛開始學習，如何把數據融入書面報告或口頭報告。

不管你的職務是什麼，懂得先理解數據，再好好說明從中發現了什麼，對個人事業發展會更有助力。學會如何清楚明白、又有說服力地溝通數據，你將比他人更突出。

用故事解說數據

在探勘、說明數據，與運用數據激勵行動之間，有很大的技術門檻。你的事業發展也許會停在分析職位，也許能晉升到更高階、用創意和批判性思考來解決問題的階層。要是再結合高明的溝通技巧，當建議獲得認可並推展，你會成為「改變」的推手。

有些讀者對探勘數據處之泰然，可能你卻須要花很長的時間，潛入原始數據的水池中，尋找模式或潛在的問題和機會，交叉參照各種表格，採取各種圖表的精華洞見。這種工作也許讓你興緻勃勃，活力十足。你會覺得自己像個偵探，悠遊於「自己選擇的冒險」的幻想書中世界。

還有些數據愛好者認為，建議更高階層主管有關數據的見解，顯然超出自己的薪水職級範圍。他們自認是數據的守護者，只要讓數據維持在易於造訪的

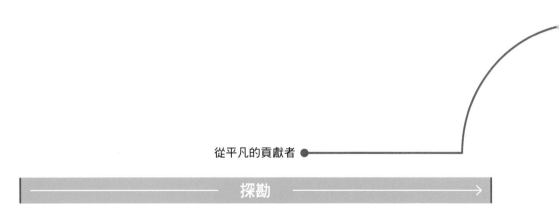

從平凡的貢獻者

探勘

定義問題或機會

狀態就好。若認為事業發展，停留在數據探勘也無所謂。但是，想擔任根據數據發現、協助組織確認應該做些什麼的角色，則必須培養溝通技巧。當AI和機器學習（machinelearning）功能越來越精進，只做數據探勘早晚工作不保。你必須學習如何溝通數據，說明組織應該何去何從。

對有些人來說，在數據池中挖寶，為某個行動方向找出證據，已是工作常態，現在，他們想要學習如何影響他人採取行動。

為了提出建議，你必須先判斷數據：這張圖表向上走。是好事嗎？在意料之中嗎？應該繼續朝這方向前進，還是應該改變方向？我們是否擁有做出好決策所需的一切數據？

然後根據你的結論，提出一個觀點。溝通這個觀點須要勇氣。對某些人而言，那是跨越事業鴻溝，跳入令人振奮、責任更大，也可能令你神經緊繃的職位。提出建議隨之而來的是更大的責任，你必須有所擔當。如何表達主張，是決定事業成敗的關鍵時刻。只要學會提出建議的厲害技巧，你會成為備受信任的顧問。

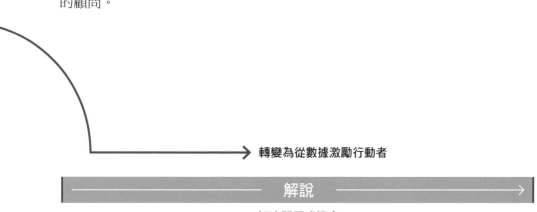

轉變為從數據激勵行動者

解說

解決問題或機會

「現在想要找到好待遇的工作⋯⋯對數據遊刃有餘越來越重要。」

——賈許・柏辛（Josh Bersin），勤業眾信會計師事務所

成為故事裡的導師

導師在大部分的故事裡，角色吃重。當故事中的主人公受困時，導師會從旁指點，為他指示一條明路，也就是及時給予他人須要的建議，助他走向勝利成功。

通常導師會有自己擅長的神奇禮物或工具，也是故事主人公所需的，譬如《星際大戰》（*Star Wars*）中歐比王‧肯諾比給路克一把光劍，並教導他認識原力（Force）。

這和數據有什麼關係？當你提供及時且決定性的數據來指引決策者時，你會改變組織的結果。你會成為導師，數據就是你的神奇工具，可以解除決策者面臨的阻礙。及時給予他人數據，更能夠成功達成渴望的目標。這裡提供3種將數據當成神奇工具使用的方式：

- **被動回應**：蒐集數據做為警示，好讓別人知道有什麼問題產生。
- **主動出擊**：主動運用數據來避免或加速某件事發生。
- **預測未來**：從數據中找出模式，預測下一步可能發生什麼。

擁有這門技巧的人，會成為備受尊重的請教對象，而獲選參與較高層級的決策過程。

電影中的師徒角色例子

《饑餓遊戲》 （ *The Hunger Games* ） 黑密契 + 凱妮絲	《野鴨變鳳凰》 （ *The Mighty Ducks* ） 班伯教練 + 野鴨隊	《綠野仙踪》 （ *The Wonderful* *Wizard of Oz* ） 好女巫 + 桃樂絲	《哈利波特》 （ *Harry Potter* ） 鄧不利多教授 + 哈利・波特
《小子難纏》 （ *The Karate Kid* ） 宮城先生 + 空手道小子	《納尼亞傳奇》 （ *The Chronicles* *of Narnia* ） 亞斯藍 + 佩文西家小孩	《蝙蝠俠》 （ *Batman* ） 阿福 + 蝙蝠俠	《仙履奇緣》 （ *Cinderella* ） 神仙教母 + 灰姑娘絲
《木偶奇遇記》 （ *Pinocchio* ） 蟋蟀吉明尼 + 皮諾丘	《獅子王》 （ *The Lion King* ） 木法沙 + 辛巴	《007》系列 （ *James Bond* ） Q 先生 + 龐德	《歡樂滿人間》 （ *Mary Poppins* ） 仙女保姆 + 班克斯家小孩
《公園與遊憩》影集 （ *Parksand Recreation* ） 朗・史旺森 + 萊絲莉・諾普	《駭客任務》 （ *The Matrix* ） 莫菲斯 + 尼歐	《風雲人物》 （ *It'sa Wonderful Life* ） 天使克拉倫斯 + 喬治・貝里	《蜘蛛人》 （ *Spider-Man* ） 班叔 + 彼得・帕克

用數據解決各種問題和機會

企業領導人每天要做成千上萬的決策，幾乎每樣都牽涉數據。有些決策直截了當，有些非常複雜，還有些牽涉到未知的世界。

決策是高度功能化組織的命脈。有時必須同時監看多個儀表板上一連串的數據，留心注意重大的變化。有些決策則須要匯集，大量來自公司內外的資訊（例如社會和技術趨勢），把這些資訊和組織的業務放在一起考量。根據數據做出的決策可以分成單獨決策、營運決策、策略決策這3大類。

用數據做決策的 **3** 大層面

單獨決策
單獨做出決策只須要研究某個數據集，繪製一張圖表後，答案就呼之欲出。憑一個數據觀點就可以證實正確的做法，例如應該停止或展開某件事；啟動另一件事或繼續正在做的事。用直覺檢視數據，可以釐清簡單或複雜的問題。這些決定也許是繼續某個廣告宣傳，評估漲價導致銷售滑落多少，或是了解每個月的獲利差異。

營運決策
營運決策牽涉到評估不斷傳來的績效數據：每日、每週、每月、每季、每年。即時儀表板主要用於追蹤這類數據，好讓你密切注意並評估，數據的走勢是否如同預期，還是出現意料之外的反常現象，須要進一步調查或是改變，從而做出優質的建議。

策略決策
策略決策是綜合各方來源的資訊，以決定組織的未來。有些策略決策可能改變公司、產業、或全世界的全盤方向。不論是買下競爭對手、為新產品投下賭注、與其他組織結盟、實施新的員工福利計畫，要做這類決策並不容易。所以取得正確數據並有效呈現，攸關重大。

進入創意過程

現代的商業活動進展飛速，有時我們必須在數據不夠充分前，就做出決定。即使目前手上的數據很多，也不見得能夠從中找到，確切支持某個決策的根據。

過度依賴用數據來驅動決策，可能導致分析癱瘓。在做策略決策（以及某些營運決策）時，你是在預期未來，而未來的定義尚不可知。要知道，所有的數據都是歷史：記錄下已經發生的事。數據是過去和當下的紀錄，不是未來的紀錄。這代表我們須要運用創意思考和解決問題的技巧，構想出未來可能的狀態。

大家都聽過一句話：「數據會說話」，但是數據其實從來都說不明。人類必須賦予其聲音。在做關於未來的決策時，即使照你的預測，未來有一條明顯的趨勢走向，也不一定可靠。趨勢變臉的速度，快到不可思議。

這裡要澄清，我並不是主張利用數據來搞創意，或是讓偏見影響演算法或結論。創意思考只在你有信心、數據反映的是真實情況時，才能使用。創意只用來想像，下一步採取什麼行動最理想。

要從數據中得出優質建議，必須結合數據分析與直覺，再加上一定程度的想像和論述。提出優質建議不只在於，要呈現肯定或否定假設的數據，那只是

小秘訣 ▶ 當你須要轉變為創意模式時，請使用與數字打交道不一樣的辦公空間。藉著轉換工作區域，向大腦發出訊號，該轉換工作模式了。

起點。接下來，應該主張採取什麼「創意步驟」的行動，而優質的建議會為行動，提供富有說服力的理由。

這段過程要跨越很大一步，你要從理解數據中的訊息，邁向用數據說出有意義的故事。你講的必定是數據告訴你的故事。

假設你處在分析性思考的工作環境裡，學習心態上早已習慣分析數據，那要運用數據說故事，或許對你有些無所適從。不過一旦走出分析心態，進入創意模式，會帶給你很大的能量和成就感。當看到自己的見解受到別人賞識，激起他們付諸行動，你會感到無比滿足。

透過創意思考把數據轉為行動

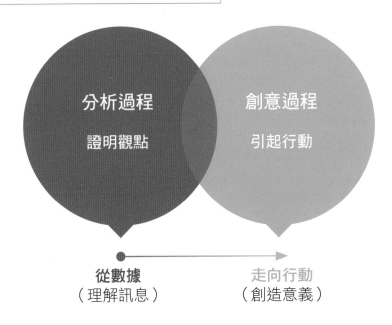

培養直覺

如果期許朝管理和領導職位發展，你不但得善用大腦，也要用直覺來做決策。只聽從理智，太依賴數據和分析，可能導致決策格局受限和太過安全保守。

比方說，數據顯示要取消軟體即服務（SaaS），設計成必須多按1次滑鼠，退訂的客戶就會減少。數據可能也顯示，再增加設定到按3次或3次以上，能減少更多客戶流失。可是直覺告訴你，增加退訂困難度，可能對客戶造成難以衡量的長期傷害，也會損害公司商譽，增加爭取客戶回流的困難度。

前谷歌和雅虎執行長、現任盧米實驗室（Lumi Labs）共同創辦人瑪莉莎‧梅耶（Marissa Mayer），以善用數據做決策著稱。但是她不會單以蒐集到的數據來做選擇。領英共同創辦人雷德‧霍夫曼（Reid Hoffman），曾在他主持的博客（podcast）《規模大師》（*Masters of Scale*，）中表示：「梅耶建立的每個數據表都像跳水板。建得越高，視野越廣，跳下去激起的水花越大。可是她要不要跳下去？還是憑直覺。」

> 「我喜歡跟著數據走，不過我不會忽略人性直覺這一要素。我會反覆研究數據，理解數據，理解得很徹底……，然後召喚出直覺，直覺往往有部分數據支持，也有許多難說分明的因素。」
>
> ——瑪莉莎‧梅耶

有時最好的決策是反直覺。要選出正確的方向，可能不靠數據，而是必須想像你要創造的未來，那是數據無法預測的。我有些朋友是蘋果（Apple Inc.）創辦人賈伯斯（Steve Jobs）的左右手，他們曾提到關於賈伯斯做決策的事。那就是不論他們做了多少準備，鑽研數據有多徹底，提供多少選項給他，賈伯斯的走向總是出人意表，違反直覺，像是他事先早已看出無法準備的未來。

沒幾年前，領導人能掌握的數據幾近於零。他們的很多行動是基於直覺評估。以我經營公司為例，我見識過依賴直覺創造出的眾多價值，自己也曾做過不少違反數據的決策。在網路泡沫化那段時期，經濟陷入混亂，矽谷遭受重大金融打擊，我的公司也無法倖免。於是，我重新評估公司提供的四項創意服務，並決定關閉了平面設計、網路、多媒體這三項服務，僅專注於簡報服務。數據並未說明應該這樣做，可是直覺告訴我，公司最有機會渡過難關，是像雷射般集中於一項業務。當許多公司關門大吉，這決定卻得以讓我們的團隊安然無恙。等到經濟開始復甦時，公司的成長率前所未有向上飆升。

偉大數學家約翰‧圖基（John Tukey）說過：

> 「對正確的問題提出近似的答案，比對近似的問題提出正確的答案，有價值得多。」

擔任領導職位的人，要比一般人更清楚這一點，因為他們必須一直在有限的數據支持下做決策。只要你提供的建議構思完整、表達得體，領導者會認同且激賞你的直覺，並留下深刻印象。

說到這裡，在深入學習如何把數據塑造成有效的溝通工具前，下一章先認真探討你要溝通的對象。

「盡力而為還不夠，
你必須先知道要做什麼，
然後再盡力而為。」

——愛德華茲・戴明（W. Edwards Deming），品質管理大師

第 2 章

與決策者溝通

認識決策者

在準備數據溝通時，請好好思考，批准你建議的會有哪些人，你必須依據這些人的訴求調整溝通方式。

仔細考慮不同的觀眾須要聽到什麼，以及他們想如何接收這些訊息。每當觀眾群改變，你的用語也要跟著改變。觀眾的權威層級越高，你的做法就應該越有條理，越簡短扼要。你也要準備好，應對嚴格、突如其來的質問。

本章重點放在，向上層決策者提出建言。他們是最難纏的顧客，也通常是人們最想學會如何討好的顧客。一旦你知道說服決策者的最佳方式，就能輕鬆利用這些要素，向任何人提出建議。

你要說服的決策者，也許是股東、顧客，甚至是工會代表。本書列舉的概念，也適用於與這些人溝通，只是我選定用內部決策，做為本書討論的基礎。

了解你的觀眾

簡略說明

說服同事
用熟悉的語言

要團隊或同僚接納建議，你須要說行話。你們很可能已經有共同的目標和術語。在組織架構上最接近你的人，或許已經明白你為何要做某個建議，其中有些人可能幫助你完成這個建議，這些人早已認同你。團隊日常所用的文字和口頭縮語，都可以用。縮寫字、部門術語、複雜圖表也沒問題，只要接收者都熟悉就好。

證明觀點

說服主管
增加附錄以做到詳盡

主管必須有信心知道，你的建議有充分根據，也站得住腳，就算將你的建議付諸行動，公司信譽也不會受損。但是，決策者不輕易冒險，為設想欠佳的想法，承受重大損失。因此，你必須證明自己有做好功課，並且清楚呈現你的想法。建議內容要簡潔，可是請為主管附上詳細附錄，裡面包括你的研究，以及所有的支持證據。只要做得夠好，甚至會得到主管大力支持，要你向公司高層報告。

直指重點

說服高階主管
撰寫簡短、合邏輯、嚴謹的建議

儘管大家業務繁忙，我們還是很難理解高階主管究竟能有多忙。務必為他們擬訂條理分明的建議，要簡短、易於瀏覽。假設你有 30 分鐘可以報告，請保留 15 分鐘給他們問問題。報告必須一清二楚，並且準備好接受拷問。你也要採取他們喜歡的溝通方式。高階主管都有特殊的喜好，你應該配合他們的溝通風格，而不是你自己的風格。

高階主管很忙，請尊重他們的時間

每個人時間都不夠用，高階主管尤其如此。他們必須懂得如何支配時間，以滿足很多相互競爭的需求。他們必須推動策略行動，掌握市場情況，確保讓顧客、員工、股東、董事會滿意。

高階主管承受重責大任，精神和情緒上的負擔大到嚇壞大多數人。如果時間是他們最有價值的商品，那與說話能簡單明瞭的人溝通，會變得更價值。只要研究和建議準備完備，可以為他們節省時間。

我認識一位直屬某家上市公司的女執行長，她極獲信任，可以直接傳簡訊給在飛機上的首席執行長，提出簡短但明確的建議，而且幾乎馬上得到決議回覆。久而久之，我朋友不須再向執行長提出支持建議的數據，執行長也不再過問得出建議的過程。

執行長如何運用時間

著名的執行長有以下這些習慣，從中可以看出他們有多忙，使用時間又有多節制。

提姆・庫克
（Tim Cook）
蘋果電腦執行長

他的一天從清晨 4 點
30 分開始，以便及
時寄發和回覆電郵。

英德拉・努伊
（Indra Nooyi）
百事可樂前執行長

授權助理決定她的子
女該做什麼事，像是放
學後到同學家玩等等。

我如何運用時間

我自己是執行長兼作者，讀到他們這些做法時，感覺很自在，因為我也是採取類似的策略，好能充分利用時間。在此，我不會說出自己最瘋狂的做法，理由是我想保留一點尊嚴。

舉例來說，逼近交稿期限時，每天從早上5點開始，一直到晚上11點，我只管寫作。我不看電郵，因為萬一收到緊急或令人不安的訊息，我整個早晨都無法集中精神。

與家人渡假和舉行派對這些事，都由助理負責。我倆用密碼傳達，誰該或不該列入我的行事曆。我一週洗3次頭洗，洗完頭後開始回覆電郵，利用這段時間讓頭髮自然風乾1小時，以節省吹整時間。

搭飛機時，我會把要簽字或提供意見的文件，印出來帶上飛機，好利用飛機起降、電子裝置必須關閉的那段空白時間。落地後，我會再用旅行用掃描機，回傳那些文件。

雪莉・亞錢博
（Shellye Archambeau）
威訊通訊（Verizon）和諾德斯特龍百貨（Nordstrom）董事

她剪了超級短髮，以節省花在頭髮上的時間，每週可以省下 3 小時。

理查・布朗森
（Richard Branson）
維京集團（Virgin）創辦人

連與家人相聚的時間都要記錄在行事曆中。

如何評量高階主管的績效

高階主管承受著難以想像的績效壓力。公司就像複雜的生態系統，高階主管必須確保，各自行動的各個部門保持和諧。

　　沒有單一一種職務說明書，能夠涵蓋所有組織、每個高階主管的職責，但是評估績效幾乎一概根據以下標準來衡量。高階主管是透過六個主要績效（如下表所示），帶領企業走向成功。要是你的建議，與改進其中一項領域的績效

高階主管的績效手段

提高營收和獲利
財務實力十分關鍵，可以使組織有能力支付帳款，提供員工好的待遇，也為贏得未來投下財務賭注。

提高市占率
高階主管必須找出取得競爭優勢的方法，使公司在市場上處於主宰地位，並在競爭對手之前，看出破壞性趨勢。

提高保留率
高階主管要讓顧客、員工和合作夥伴滿意，以減少人的「流失」。高保留率可以促進獲利，降低顧客成本，強化公司文化。

高階主管想提高 >	營收和獲利	市占率	保留率
	金錢	**市場**	**曝露**
高階主管想降低 >	成本	上市時間	風險

降低成本
達到財務健全最有效的方法之一，是明智找出節省成本之道，以產生強勁的獲利。

縮短上市時間
高階主管必須努力消除，任何阻礙產品和服務推向市場的障礙，同時確保產品很棒。[1]

降低風險
降低營運、法律、法遵（compliance）、財務與品質的風險，減輕生產停頓、遭到處罰、商譽受損等威脅。

結果有關，高階主管就有可能批准。

　　營收和獲利、市占率、保留率這三項都能用關鍵績效指標（key Performance Indicator，KPI）來測量，反之幾乎所有的KPI也都與這三個領域有一個以上的關聯。如果你的建議最終出現在高階主管桌上，應該是與改善某一領域有關。所以，只要提出這些領域的相關建議，保證高階主管會看到它的價值，也能馬上判斷，他們為什麼要參與這項決議。

　　要是你已經有個好建議，打算向高階主管提出，請立刻自問：這會不會改善高階主管的某項執行績效？要是答不出來，請深入想一想，你的建議有什麼用處，以及要怎麼為此辯護？

以杜爾特設計公司 2019 年的策略為例子

提高營收和獲利
投資業務暨行銷團隊，以帶動業務交易成長 2 倍。

提高市占率
成立東岸辦事處與本書發行同時進行。

提高保留率
用記分卡系統過濾掉不合適的客戶。

降低成本
安排創意團隊進入實務領域，增進並有效運用創意。

縮短上市時間
加速輔導演講技能的業務成長。

降低風險
編寫防經濟衰退的營運劇本。

1.有個朋友告訴我，關於上市有3個f。你要不就是第一（first）、很棒（fabulous），要不就是很糟（effed）。完全正確。

了解高階主管如何汲取資訊

高階主管如何接受建議，有各自的偏好。為了與他們溝通，請找到能指導你認識這些偏好的人。有些高階主管會把厚厚的報告，從頭看到最後一個字，有些則只想看標明重點的簡短摘要。

　　你必須知道參與決策過程的每一個人，你的建議也可能須要有幾種不同的形式，以因應每位決策者的喜好。例如我公司的高階團隊，就有各自喜歡的溝通方式，不少人跟我不同。有人喜歡電郵，有人喜歡視覺文件，有人喜歡一對一快速討論。

　　理想情況是，你請教的人，必須很了解那些主管的喜好。要找曾與他們相處過、有過溝通經驗的人。了解高階主管喜愛的溝通形式，例如喜歡開會或發電郵，這類資訊都很有用。只要你願意求教，一定會有很好的回報。

　　我的直屬部屬知道，在電子產品溝通方面，我喜歡電郵，絕不要傳訊息給我！對較長的書面資訊，我的處理方式是，在開會前先看過一遍，把我想到的問題寫出來。部屬若是有問題，視情況是否緊急，他們知道要連絡我的助理。但想獲得我批准的最佳方式，是一對一開會或一通簡短的電話。

小秘訣 ▶ 到網頁duarte.com/datastory，可以下載單頁建議樣版，在本書附錄第224頁裡也有範例。

各人作風差別很大。有些高階主管可能是在飛機上，用手機做決策；有些列印出紙本，或是在平板電腦上寫數位筆記。他們可能只有從公司搭車到機場這段空閒時間，允許你本人在車內簡報，或審閱你的紙本資料。但如果主管覺得某個建議很不錯，他也許會要你正式報告給整個董事會聽。

你必須知道提建議的對象，以及他們喜歡如何接收資訊，這不但影響建議被接納與否，也會影響事業發展的機會來臨時，主管如何看待你。

認識高階主管的溝通偏好

每個主管有各自接收和處理資訊的偏好，以下提供 4 種方式：

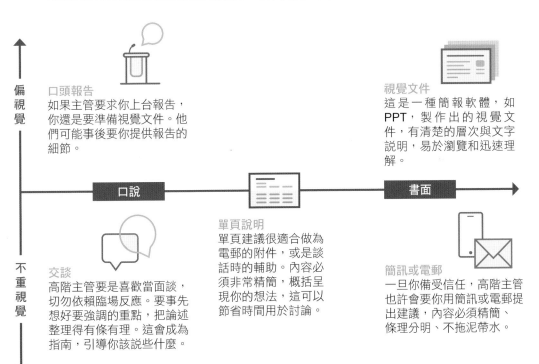

偏視覺

口頭報告
如果主管要求你上台報告，你還是要準備視覺文件。他們可能事後要你提供報告的細節。

視覺文件
這是一種簡報軟體，如PPT，製作出的視覺文件，有清楚的層次與文字說明，易於瀏覽和迅速理解。

口說

書面

不重視覺

交談
高階主管要是喜歡當面談，切勿依賴臨場反應。要事先想好要強調的重點，把論述整理得有條有理。這會成為指南，引導你該說些什麼。

單頁說明
單頁建議很適合做為電郵的附件，或是談話時的輔助。內容必須非常精簡，概括呈現你的想法，這可以節省時間用於討論。

簡訊或電郵
一旦你備受信任，高階主管也許會要你用簡訊或電郵提出建議，內容必須精簡、條理分明、不拖泥帶水。

預期會被質問和打斷

高階主管每天要做許多決策，有時決策速度很快，有時卻須要深思熟慮。

聽取建議的做法上，我的一些執行長朋友會於每個月抽出一整天，聽取管理團隊提出的各種建議。各團隊輪番在30分鐘內提出構想，交由執行長同意、拒絕、或要求提供更多資訊，這是高階主管職務很重要的一環。

假設你要向高階主管報告，或是在高階團隊的會議上向全體成員提報，一定要有心理準備，在你講完之前就會被打斷，而且通常距離報告完畢還很久。

那不是很魯莽嗎？不會。大多數高階主管能做到領導職位，歸因於他們能夠迅速評估資訊，並擅於挑戰資訊。當他們開始掌握你的建議要點時，會立刻看出其中利弊。他們打斷你，是因為熟諳商業知識，而對你的建議產生重要疑問，必須盡快獲得解答。他們為求方便而插話，好徹底了解整體建議，還有你對這個建議考慮得有多周詳。

你準備得如此井井有條……

……很快就會變得一團亂。

這彷彿他們一聽到你的基本構想,心中就形成一幅畫,但是畫中有些部分很模糊,或是有一些斷點,所以要靠問問題來補充。他們經常跳來跳去,問東問西。對於這種挑戰強度,你要有心理準備,也要預留提問時間,不要把分配到的時間,全用在報告上。知道你有多少時間報告很重要,如果沒人告訴你,趕快去問。

大部分高層會議都以30分鐘為段落,所以最好準備15分鐘的正式報告,留下至少15分鐘的時間接受提問。

你也應該請教,提議你向高階主管報告的人,報告時的具體情況。問一問你該準備回答哪些類型的問題。自己也花點時間想想,可能被問到什麼,儘管你無法完全掌握。而且,支持你去報告的人可能也辦不到,所以要準備好面對意外。你絕對不想呆立在場上。

支持你報告的人只會幫助你了解下列3點:

- 你可能意料不到、但高階主管想要得到的強烈觀點。
- 哪些觀點高階主管可能想深入了解,如果有此需求,應該提供哪些資訊。
- 高階主管可能提出什麼反駁論點,你應當如何應對。

儘管必須嚴格精簡報告內容,你仍然要廣泛做研究來支持自己的論點。務必要記住研究結果,以便在壓力下,很快可以想起。高階主管就算只做錯一個決策,也可能造成難以克服的內、外部混亂,甚至使公司及自身蒙受嚴重的羞辱。

就讓他們打斷你吧。

「缺少決策能力，
是高階主管失敗的
主要理由之一。」

——約翰‧麥斯威爾（John C. Maxwell），領導學專家，暢銷書作者

94.6%
Occupied

Vacant
6.40%

第二篇

運用故事架構
展現數據的
清晰度

第 3 章

建立數據觀點

第 4 章

把行政摘要寫成
數據故事

第 5 章

用「主題型」
架構創造行動

第 3 章

建立數據觀點

建立個人數據觀點

在探勘數據的過程中，你會開始對數據的意義產生想法。經過深入思索，個人觀點就會出現。有時你的觀點不證自明，而且100%從數據得來。有時則必須依賴一點點直覺，做一些假設。一旦你對研究採取明確的立場後，就可以著手建立數據觀點（Data POV™）。

數據觀點如同重大構想

借用我寫的《簡報女王的故事力！》一書的主張，數據觀點應該打造成核心訊息，編劇稱其為「中心思想」（controlling Idea）。核心訊息包含三個部分：

1.你的獨特觀點須要行動

無論數據想告訴你什麼，它是在對你說話。你深入其中獲取看法。儘管你觀察入微，從中了解到須要做些什麼，以及該怎麼做，這都只是你的收穫。提出觀點，明白陳述該採取的行動，才算你的建議。假如不必採取行動，就沒有理由提出建議。

2.分析利害關係

不管建議會不會批准，都須要提出相關的利弊得失，思考正面的得和負面的失。任何建議都會有人力或財務上的代價。詳細說明利害關係，釐清建議內含的好處和風險。當你要求別人採取行動時，難免會有一些利害關係在其中。

3.用完整的句子表達數據觀點

數據觀點是建議的重點所在，你提出的所有資料，都是為支持這個觀點。請用完整而清楚的句子來表達。這代表至少須要一個「名詞」和一個「動詞」。數據觀點順理成章成為提案的首頁標題，也是視覺文件的標題。這樣觀眾一眼就能看出，你的建議與什麼有關，然後再用經過深思熟慮、合乎邏輯的架構去支持你的數據觀點。

把數據觀點變成重大構想

觀點	+	利弊得失
對該做的事，你持有什麼獨特觀點？根據數據，須要採取什麼行動？		採納或不採納你的數據觀點，對組織會有什麼利害關係？每個建議都有（人事或財務）代價。

把數據觀點寫成句子
一個句子有名詞和動詞。動詞明白指出，須要採取什麼行動才能改變結果。數據觀點則是扼要描述，從數據中看出的問題或機會。

數據觀點中也應該包含，你最後希望達到的統計結果。從中可以看出，採納提議的行動將帶來什麼新面貌。本書後面也會提到，數據觀點將是「數據故事」結構的第三幕（解決）。

這句話是數據觀點	>	這句話不是數據觀點
改變購物車的使用經驗和貨運政策，可以增加40%的銷售額。		修正線上購物車。

了解大品牌如何溝通數據

口頭或書面溝通都少不了文字。文字是推廣思想、被採納最有力的工具之一，所以應當先研究與數據有關的口語用字，找出其中的運用模式。

　　從數據中尋找模式，可以帶來很大的滿足感。我的一部分工作就是挖掘模式。為《簡報女王的故事力！》這本書，我分析過幾百篇出色的演講，找到一個故事簡報模式；也為視覺圖像平台diagrammer.com分析過數千個，我們替顧客製作的圖形，也找到一個圖像模式。為本書，我則找到好幾個數據溝通模式。

從數據溝通詞彙中發現的模式

　　研究過程中，我蒐集跨產業的數千張投影片，涵蓋消費、硬體、軟體、社群媒體、搜尋、製藥、金融、顧問業等等多個品牌。我隨機選出從非常成功的上市公司，還有各式各樣的職能與層級，如業務、行銷、趨勢小組、分析師、財務、人資、高階主管等等的商業投影片。我用數據來決定如何溝通數據。這研究厲害吧！

1.為詞彙分類

　　研究工程最浩大的是，從數據投影片裡擷取詞語。我請研究助理挑出那些詞語，再歸類為各種詞類：名詞、形容詞、動詞、副詞、連接詞、介系詞、驚嘆詞（我們沒有挑代名詞）。我們從中發現各種詞類的最佳用法，後面書中會

陸續提到。

2.動詞的重要性

　　我發現用於表達數據的動詞，和非數據投影片中用到的動詞，有一個有趣的差異。與數據有關的動詞，大多用於描述績效和進程，例如「增加銷售來帶動營收」，而非數據投影片用的動詞，比較偏向感情訴求，像是表達激勵、決心的用語，針對內心多於針對大腦。

用詞分類——溝通數據的基石

　　句子的各部分（詞彙）都是促成行動的重要基石。以下簡要說明，以什麼方式、在什麼場合，應用這些詞彙，本書後章也會再談到。

詞類如何應用於數據

動詞	**表示行動** 從數據中發現該採取的行動。	選擇最合適的動詞模式，和最有策略效應的動詞，寫出具說服力的建議。
連接詞	**連接兩個以上的想法** 推動故事前進。	使用「和」、「但是」、「所以」、「因此」等，把行政摘要寫得像一個故事。
名詞	**衡量的對象** 人、事、地、想法	明白指出要衡量哪個名詞，要在什麼時候，以什麼方式去做。
形容詞	**描述靜態數據** 寫出靜態數據可描述、觀察的特徵。	用形容詞表達，對直條圖和成分長條圖（component chart）的觀察心得。
副詞	**描述趨勢走向** 指出一段時間內的數據，可描述、觀察的特徵。	用副詞表達趨勢圖的觀察心得。趨勢走向是動詞，所以用副詞來形容。
驚嘆詞	**對數據表示驚奇** 做出驚歎表情或發出聲音	在口頭報告數據時，喊出你對數據的感受。「哇！這數字太漂亮是嗎？」

為數據觀點選擇最有效的行動

用詞選擇的品質好壞，大大影響報告收到什麼反應，還有會引起什麼行動。從數據得出的「行動」，就是數據觀點的基石。

選擇最合適的動詞來表達數據觀點，明確指出你建議的是什麼行動。

20多年前，我和丈夫曾聘請一位生涯教練，請他協助我們訂下人生使命宣言。教練告訴我們，宣示使命時，最重要的部分是動詞，因為動詞會表明，我們不是只有意願，而是承諾要採取什麼行動。動詞決定我們如何安排行事曆的時間，會確保我們從事最能充實人生的活動。

從此我一直密切關注動詞。本章接下來，我會分享與數據一起連用的動詞有哪些模式，你可以拿來使用，並把數據觀點寫得更好。

與數據相關的動詞有3種模式：

1. 改變：我們須要改變公司現狀或作為。
2. 持續：我們須要繼續走相同的方向。
3. 完成：我們須要完成某件事。

在擬訂數據觀點時，請找出最能有效解決問題或把握機會的動詞。

刻意選擇建議他人行動的動詞

在敘述數據觀點時請想清楚，這三個行動模式要選哪一個。同時表明你建議的是改變、持續或完成中的哪一種。動詞請從第74、75頁中挑選，那些動詞都夠清晰和強烈，足以推動你的建議。

動詞形式

改變	持續	完成
我們必須改變身分或正在做的事情。	我們必須保持同一個方向。	即使完成意味著承認失敗，我們要結束此工作。
如果你的建議與轉變有關，請選擇一個「改變」相關的動詞。這可能是一個大改變或小改變。	如果你的建議與耐力有關，請選擇「持續」相關的動詞。這些動詞絕不是對白。有時，全速前進是偉大的行動方針。	如果你的建議與結束有關，請選擇「完成」相關的動詞。有時完成是實現目標，有時則是退出目標。停止專案與啟動專案一樣，可能都要大量的工業時間。

解讀績效和進程的動詞

有些建議是小規模的行動，也許你的團隊就能做到，有些則必須全公司一同行動，才能達成目標，或是產生組織的破壞式創新。

請記得，為實現提議，你選擇的行動，一定會消耗組織的金錢或人力成本。

盡可能選擇強度最大的動詞

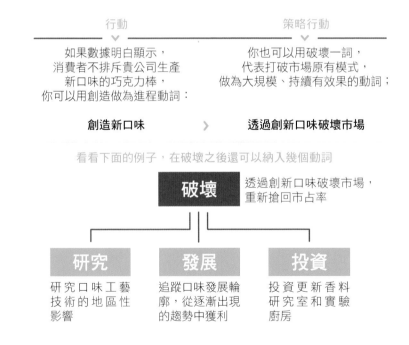

行動

如果數據明白顯示，
消費者不排斥貴公司生產
新口味的巧克力棒，
你可以用創造做為進程動詞：

創造新口味

策略行動

你也可以用破壞一詞，
代表打破市場原有模式，
做為大規模、持續有效果的動詞；

透過創新口味破壞市場

看看下面的例子，在破壞之後還可以納入幾個動詞

破壞　透過創新口味破壞市場，
重新搶回市占率

研究
研究口味工藝
技術的地區性
影響

發展
追蹤口味發展輪
廓，從逐漸出現
的趨勢中獲利

投資
投資更新香料
研究室和實驗
廚房

用什麼標準來分類進程動詞和績效動詞？用績效動詞形容的動作，多半針對一段時間的數字，並透過KPI來衡量，而用進程動詞形容的動作，則以是否完成來衡量。你可以用進程動詞來形容二進位的活動，而不是連續的。數據將告訴你何時完成任務。

儘管績效動詞在性質上，比較偏向策略性，不過這兩類動詞都能形容策略活動，視你建議的規模大小而定。比方第74頁，我把興建歸類為進程動詞。提議公司「在伊利諾州興建新工廠，每年可節省600萬美元」的數據觀點，是策略性很高的建議。

進程動詞	績效動詞
為達成目標採取的行動	為改進組織成果採取的行動

選用較強動詞的例子

進程動詞		績效動詞
實行 以訂價方案提升市占率	>	**奪取** 以具競爭力的價格奪取市占率
支持 內部行銷工作	>	**轉移** 將行銷經用在支持集客式行銷
發布 更多影片內容	>	**增加** 綜合性影片內容

小秘訣 ▶ 如果提議由高階主管來審批，請盡可能採用績效動詞。這樣你倡議的行動，就會落在他們關切的績效手段內（參照54、55頁）。切記，高階主管大部分時間都專注於策略領域。

以最佳的策略見解規畫行動

以下所列的動詞，是根據上述三模式加以分類。每個模式下再分成績效和進程動詞。這個清單固然不詳盡，卻是我們檢視各產業的投影片中，用到最多的動詞。

改變[1]

我們必須改變公司現狀或作為。

績效動詞

加速 Accelerate	超越 Exceed
取得 Acquire	擴充 Expand
增加 Add	延伸 Extend
促進 Advance	獲得 Gain
分配 Allocate	成長 Grow
平衡 Balance	影響 Impact
阻止 Block	改進 Improve
購買 Buy	增加 Increase
奪得 Capture	投資 Invest
集中 Centralize	減緩 Lessen
競爭 Compete	最大化 Maximize
壓縮 Compress	最小化 Minimize
消耗 Consume	勝過 Outperform
控制 Control	防止 Prevent
轉換 Convert	收回 Recover
分散 Decentralize	降低 Reduce
減少 Decrease	恢復 Restore
送交 Deliver	儲存 Save
設計 Design	度量 Scale
破壞 Disrupt	轉移 Shift
減資 Divest	花費 Spend
放大 Enlarge	穩定 Stabilize
進入 Enter	訓練 Train

進程動詞

接受 Accept	勸阻 Discourage
處理 Address	分銷 Distribute
採取 Adopt	轉向 Divert
同意 Agree	分割 Divide
評估 Assess	賦權 Empower
指派 Assign	促成 Enable
協助 Assist	實行 Enact
標竿比較 Benchmark	估計 Estimate
建立 Build	評價 Evaluate
挑戰 Challenge	進化 Evolve
溝通 Communicate	利用 Exploit
遵守 Comply	尋找 Find
專注 Concentrate	著重 Focus
從事 Conduct	追蹤 Follow
連結 Connect	聚集 Gather
考慮 Consider	產生 Generate
匯集 Converge	得到 Get
創造 Create	指引 Guide
定義 Define	幫忙 Help
拖延 Delay	辨別 Identify
否決 Deny	忽視 Ignore
發展 Develop	執行 Implement
指引 Direct	告知 Inform

1.有關改變的動詞，大部分可在前面加上「再次」（re- ）。

進程動詞 （接續）

創新 Innovate
整合 Integrate
發明 Invent
學習 Learn
善用 Leverage
製造 Make
行銷 Market
測量 Measure
變換 Migrate
作業化 Operationalize

最優化 Optimize
深入 Penetrate
定位 Position
生產 Produce
進步 Progress
提議 Propose
再創造 Recreate
調整方向 Redirect
釋出 Release
重新 Renew

重覆 Repeat
須要 Require
抗拒 Resist
回應 Respond
透露 Reveal
策略化 Strategize
精簡 Streamline
建構 Structure
支持 Support

持續

我們須要繼續走相同的方向。

績效動詞

繼續 Continue

進程動詞

忍受 Endure
堅持 Hold onto
保有 Keep
維持 Maintain
不屈不撓 Persevere
維護 Preserve
著手 Proceed
延長 Prolong
保護 Protect
保持 Remain
留下 Retain
停留 Stay
存活 Survive
承受 Sustain
容許 Tolerate
支撐 Uphold
抵擋 Withstand

完成

我們須要完成某件事，即使代表要承認失敗。

績效動詞

達到 Arrive
避免 Avoid
打敗 Beat
取消 Cancel
停止 Cease
破壞 Destroy
中斷 Discontinue
消除 Eliminate
結束 End
退出 Exit
暫停 Halt
離開 Leave
釋放 Release
出售 Sell
終止 Stop
贏得 Win

進程動詞

放棄 Abandon
達成 Attain
阻擋 Block
斷定 Conclude
完成 Complete
擊敗 Defeat
解散 Dismantle
下降 Drop
獲取 Obtain
觸及 Reach
決定 Resolve
退卻 Retreat
安排 Settle
簽訂 Sign
解決 Solve
投降 Surrender
退出 Withdraw

小秘訣 ▶ 以上列出很多可用的動詞，把建議的行動確切說出來，別人就會很清楚該做什麼。

「行動是成功的關鍵。」

——帕布羅‧畢卡索（Pablo Picasso），藝術家

第 4 章

把行政摘要
寫成數據故事

善用故事的轉折架構

如果聽故事使人的大腦發亮,那想想看,借用故事元素,協助觀眾了解你的數據觀點,威力會有多大。

　　故事的強大特性之一,在於故事有完整的結構。好聽的故事都有共同的框架。不管是在餐桌上吹噓個人英雄事蹟,或是經典文學或電影裡那些感人肺腑的故事,結構通常是三幕劇結構。

　　當有人談到故事的戲劇性轉折時,指的就是三幕劇結構,也就是在故事推展過程中,緊張情緒如何高低起伏。如果下圖有Y軸,其標示一定是「緊張情緒的張力」。

故事的戲劇性結構

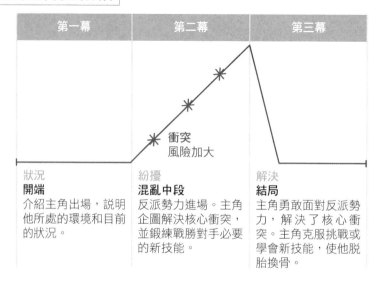

第一幕	第二幕	第三幕

衝突
風險加大

狀況
開端
介紹主角出場,說明他所處的環境和目前的狀況。

紛擾
混亂中段
反派勢力進場。主角企圖解決核心衝突,並鍛練戰勝對手必要的新技能。

解決
結局
主角勇敢面對反派勢力,解決了核心衝突。主角克服挑戰或學會新技能,使他脫胎換骨。

從下表木偶皮諾丘的故事，可以看出中段有艱難。很多人稱為混亂的中段。第二幕總有許多衝突，主人公必須鼓起決心來克服。皮諾丘歷經各種衝突、障礙、誘惑。最後，他實現願望，變成真正的男孩。緊張情緒獲得釋放。

這種結構完美的三幕劇框架，早自亞里斯多德的《詩學》（*Poetics*）就已存在，以人腦處理資訊的最佳方式來編排內容。現在我們將應用這股力量，透過數據觀點來溝通數據。

以 1940 年電影《木偶奇遇記》的故事結構為例

第一幕	第二幕	第三幕
玩具師傅打造出木偶皮諾丘，並向星星祈禱，皮諾丘能變成真人。	皮諾丘並未變成男孩，還是個木頭人，他必須證明自己有變成真正男孩的價值。但皮諾丘很容易上當受騙，壞蛋引誘他參加巡迴演出。他被關在籠子裡，又繼續說謊，每次說謊鼻子就變長。他在快樂島受到誘惑，調皮搗蛋，有部分時間還變成驢子。	皮諾丘回到家，但師傅爸爸在找他時被鯨魚吞沒。皮諾丘幫助爸爸脫身，但是在過程中自己死了。 由於皮諾丘無私犧牲，他值得被救，並成為真正的男孩。
狀況 **開端**	紛擾 **混亂中段**	解決 **結局**
	⏫ **皮諾丘歷經許多衝突，直到他扭轉自己的命運**	

用三幕劇結構撰寫行政摘要

你的建議最重要的部分之一，是前面的行政摘要，因為那是你與讀者的第一次互動。他們要不要繼續看下去，取決於對行政摘要的第一印象。

故事的情節起伏，可以應用到行政摘要的結構上，我們稱為數據故事。借用故事的結構，可以使摘要好讀又好記，如同在讀故事一般。

請注意，第三幕是你的「數據觀點」。說明第三幕時，你希望「數據故事」如何結束。

三幕劇數據故事

數據故事是簡潔敘述你的建議概要，分為三幕來寫。以下例子，是用數據故事撰寫的簡短行政摘要。

第一幕	第二幕	第三幕
開端 從數據中看出問題或機會。	**中段** 由於數據顯示出問題和／或機會，所以繼續下去會很糟糕。	**結局** 數據觀點針對問題的根源，提出能獲得正面結果的解決辦法。

右邊的數據▶故事遵循三幕劇結構。

| 狀況
各區平均續訂率是62%。 | **但是** 紛擾
西部地區僅 23%的客戶續訂率。 | **所以** 解決
我們須要針對地區性偏好，調整內容，以贏得西部地區的市占率。 |

第一幕

　　數據故事會先說明目前的情況。數據顯現出有「問題」要解決，或是有「機會」要把握。第一幕介紹組織的現況。

數據故事的範例

	第一幕		第二幕		第三幕
數據中的機會	**情況** 軟體開發人員的校園徵才活動試辦兩年，學生參與十分踴躍。	加上	**紛擾** 新進人選如果在校園活動上見過我們，願意任職的可能性高出28％。	所以	**解決** 現在應當把校園徵才活動，擴大到另外5所大學，以提高人才招募的成功率。
數據中的問題	**狀況** 與德國客戶簽的合約規定，差旅費由我們負擔，因此顧問的差旅時間不能報帳。	加上	**紛擾** 上一季國際旅費上漲了3％，德國客戶的獲利率下降2％。	所以	**解決** 我們須要重新商談合約，把差旅費和顧問時間納入，以降低我方成本。

改變紛擾中段的命運

故事中段充滿衝突和紛擾。這種緊張情緒會吸引我們注意，刺激大腦幫忙尋找解決之道。

這裡以《魔戒》（*The Lord of the Rings*）中的佛羅多（Frodo）為例。他受到半獸人、咕嚕、毒蜘蛛屍羅、無法通過的重重路障，當然還有魔君索倫等等的背叛。這還不是全部！觀眾聲援他，把自己當成他，從他身上學習，獲得鼓舞，到最後解決一切時，觀眾則鬆了一口氣。

對照之下，組織問題也是層出不窮！組織是錯誤程序、壓迫性規定的溫床，還有貪婪的股東、不滿足的顧客、破碎的體系、欲置組織於死地的強硬競爭對手。要維持任何型態的組織健全營運，都很不容易。數據可以透露須要改變的亂象。

反之數據也可以透露，不易把握又混亂的機會。無論是問題或機會，故事中段都是一、團、混、亂。

行政摘要的第二幕，包含須要改變的數據點。假使你的建議獲得採納，哪些數字會扭轉？或是哪些數字會隨著新機會而增加？這就是「紛擾」的所在。

扭轉某個數字，或對某個數字踩油門，要下很大的工夫，因為必須有人採取行動。

當行動正確，故事中段的數字便會改變方向。

第二幕的數據可能須要哪些改變

第二幕的數據資料，顯示出的問題或機會，可能與下列動詞有關：

- 反轉

- 繼續

- 增加

- 減少

- 加速

- 減緩

大多數企業的數據績效，歸因於人類行為。促使統計數字上升或下降，通常出自人類的行動。產出太低、點擊率太低、薪水高、滿意度高、營業額低、心率快、盤存延誤、排程慢、錯過到期日、損失訂單、銷售減少、廢料多、數量持平、排放率高。所有這些數據，都可以靠人為正確的舉動來扭轉。

第二幕

數據故事中段揭露主要的衝突。數據顯示了可測量的病徵,一定要以某種方式加以改變。其他人的行動有助於讓數據,朝期望的方向發展。

數據故事的範例

	第一幕		第二幕		第三幕
數據中的機會	**情況** 關於雲端服務的新網路研討會,吸引破紀錄的參與者前來。	加上	**紛擾** 由網路研討會獲得 642 個高素質的潛在客戶,超過上個月其他行銷管道 22%。	所以	**解決** 我們應該把行銷經費,轉用於每季舉行的網路研討會,以增加高素質潛在客戶的轉換率。
數據中的問題	**情況** 應收帳款的平均天數,從 6 月起增加了 10 天。	加上	**紛擾** 有 50 位顧客不遵守 30 天付款的條款。	所以	**解決** 若執行延遲付款的條款,可以加強現金流。

在第三幕用上數據觀點

人人都愛聽主人公殺敵成功、陷入情網、找到勝利金杯，到最後被視為英雄的故事。是啊！過程很辛苦，但是最後結局令人十分滿意。

如果說第二幕須要改變數字亂局，那第三幕就是寫出，採取行動、做出改變的故事會如何結尾。

我們回過頭看第81、84、87頁，這些數據故事案例中的第三幕。行政摘要中的第三幕是提出數據觀點，說明假如採取你建議的行動，故事該如何解決。你用的動詞，是為促成組織、顧客、員工、其他人，達成更有利的結果。

不見得所有數據觀點，都是人們認為的好結局。有時你選擇的動詞，是為了停止某種作為。假定你的數據觀點是：「淘汰一直虧錢的產品」，對公司來說，可能也是圓滿的結局，但是喜歡這產品的員工或顧客仍然會感到傷心。所以，對組織是正面的決策，也許會讓其他人難過，在做整體討論時必須小心（參照第207、206頁）。

要推促別人行動並不容易。[2]高階主管明白這一點。在點頭前，他們會先衡量你的建議有何風險和報酬。他們會自問：這場改變紛擾數據點的最終報

2.要學習變革的溝通策略，請參看南西·杜爾特和派蒂·桑歇斯（Patti Sanchez）合寫的《火炬效應》（*Illuminate*）。

酬，值不值得？公司要承受什麼風險？會不會這麼快就帶來我們想要的結果？

組織的最終目標是更多的獲利，不過在追求的過程中，必須對可能的限制和衝突有所體認。

你經過深思熟慮、充分準備後提出的建議，可能被否決、擱置或採納。高階主管會怎麼反應，取決於他有多相信，在紛擾中段出現的問題或機會。這也是組織的優先要務，以及你的數據觀點是否會帶來預期的結果。

小秘訣 ▶ 你可能注意到但是、加上、所以等連接詞。連接詞連結語句，帶動行政摘要的敘述。其他可選用的連接詞，請參考附錄第222頁。

第三幕

　　數據故事的結尾，是針對如何解決紛擾中段，創造未來的正面結果，提出你的看法。你建議的行動會改變未來的數據。

數據故事的範例

	第一幕		第二幕		第三幕
數據中的機會	**情況** 業界對微晶片的高度需求已經趨緩。	加上	**紛擾** 我們仍然付出高於市價6％的價格。	所以	**解決** 我們應該與供應商洽談現有合約，降低成本。
數據中的問題	**情況** 我們的目標是在6個月內，讓某產品成長2倍。	加上	**紛擾** 前兩個月只有3％的業務人員，從公司的入口網站下載資料。	所以	**解決** 我們將修訂業務人員佣金結構，以推動產品組合目標。

「告訴我事實，我會學習。
告訴我真相，我會相信。
可是講個故事，
我會永遠牢記在心。」

──美國原住民諺語

第 5 章

用「主題型」架構創造行動

結合邏輯和說服力的寫作

在提出建言時，使用熟悉的故事結構，再結合邏輯的可信度和力量，就能說清楚，你想從數據中導出什麼決策。

認真撰寫有待批准的提議時，必須兼顧論述和說服兩種寫作技巧。為什麼？因為你不只要證明，自己的主張是對的（論述），還要設法鼓動別人付諸實行（說服）。

綜合 2 種訴求的建議

	論述寫作 （邏輯訴求）	說服寫作 （感情訴求）	建議寫作 （混合兩種）
目的	建構強而有力的證據，證明觀點有事實根據，確實站得住腳。	說服讀者同意你的觀點，並據此採取行動。	運用可掌握的數據，加上直覺，形成須要組織採取行動的觀點。
方式	對問題提供正反面的資訊，選擇其中一面為正確，促使別人懷疑相對的論述。	對問題只提供單方面的資訊和意見，與目標讀者建立強力的連結。	撰寫有證據支持的數據故事，也納入讀者可能反對的意見，讓讀者覺得你也有考慮他們的看法。
訴求	採用邏輯訴求，以札實案例、專家意見、數據、事實來支持主張。目標在於正確，不一定是行動。	採用感情訴求，說服他人接受你的意見和感受，使讀者傾向你的觀點。	把訴求建構為故事，以實在的數據和證據支持你的提議，同時增添意義，令人難忘（見第 4 篇）。
語氣	專業、機智、合邏輯。	親切、熱情、感性。	根據訴求對象，採取適當語氣。

根據數據來撰寫建議，應該顧及這兩方面的訴求。以下扼要說明論述與說服的差別，在專業邏輯學家看來，這或許太過簡化，但是在商業應用上行得通。

你的建議要是直覺上不合乎邏輯結構，就不能提交給高階主管（或是任何要批准這項建議的人）。提議缺乏清楚的邏輯，別人要花很多時間才能聽懂看懂，你會搞砸這次機會。當別人弄不清楚你的建議和支持的觀點，就代表你不曾投入足夠的時間去組織相關的資訊。

在學校你也許學過，如何設定嚴謹的結構贏得辯論，或是寫出文章的大綱。在提建議時也一樣，講求結構本身傳達的重點在哪裡，以及用什麼順序呈現。好結構有助於別人看出你的思路邏輯，而且擬訂架構的過程，其實也會強化你的思考過程。

一般最常用的，是大綱或樹狀結構。請看右邊的樹狀結構，所有支持的資訊，都掛在最上方的單一主題項下。對樹狀圖而言，數據觀點就是統一全體的觀點。所有項下的小點都由數據觀點延伸出來。使用樹狀結構可以讓你縱觀全局，不至於見樹不見林，也有助於去除非直接支持數據觀點的離題子題。

層次化建議架構

建議大綱

I. _____
　　A. --------
　　B. --------
　　C. --------
　　　　1. ....
　　　　2. ....
II. _____
　　A. --------
　　　　1. ....
　　　　2. ....
　　　　3. ....
　　B. --------

建議樹

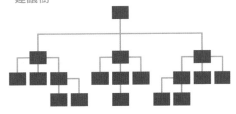

打造建議樹

投影片軟體是有效的視覺溝通工具。用視覺文件製作時,請把每張投影片想成樹狀結構的一個節點。

　　投影片很酷的一點是,版面空間有限,使你不得不精簡內容。一個概念用一張投影片表達,好讓每個節點都能獨立存在,也保證你的每頁視覺文件合乎邏輯又簡要。每張投影片也應該支持數據故事,張數沒有限制,你覺得合適就好。結構上很有彈性。

視覺文件的樹狀圖結構很有彈性

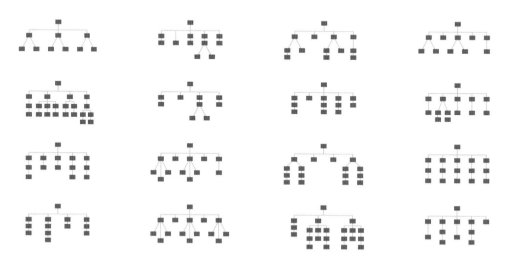

右圖是有三個節點支持的「數據故事」的樹狀圖（節點數沒有限制）。為簡單起見，本書都會用三支點樹狀圖結構。另一個原因是，集中內容比較好記，因為我們從小就習慣三點論述法，所以你一定記得住。三點論述依循經典的邏輯論證，甚至是基本的作文寫作原則。

請把每個長方格，想成一張投影片。樹上須要掛多少節點（投影片）沒有嚴格規定。

單看你須要多少張才能傳達你的想法，盡可能多提供證據，同時也讓投影片數量保有彈性。

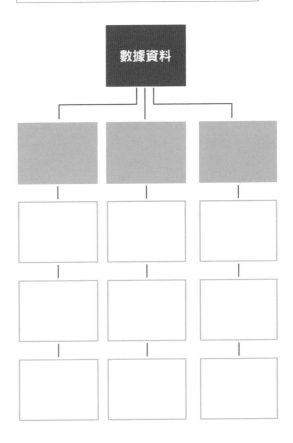

有 3 個支撐點的建議樹狀圖

小秘訣 ▶ 你建立視覺文件檔案時，請用「Slide Sorter View」檢視檔案功能，以確保在結構上和流動上，全都支持數據故事。（微軟PPT也有同樣功能）

定義支持數據故事的行動

想要他人支持你所提議的行動，最佳方法是把行動細分為較小的動作。跑步（動詞）時必須擺動雙臂，雙腿用力踩踏，用肺大口呼吸。這些都是次動作。為數據故事增添吸引力的方法，是運用一連串包含動詞的片語，來支持建議的主要行動。

　　請注意右圖藍色的建議樹上，在深藍色長方格裡的連接語「所以，我們須要……」。加上這些連接語，並非要你實際製作做這樣內容的投影片，而是輔助你寫出行動敘述。請自問，在這後面要加上哪些行動，才能把句子寫完。這麼做可以找出支持行動的動作，讓故事繼續講下去。這句連接語是在問：「我們要做什麼？」其下的三個次動作則是在回答：「所以，我們須要……如何？如何？如何？」

　　這段片語已經成為，工作上我開會和對話的咒語。如果有人反覆提及某個問題或狀況，我會說：「所以，我們須要……」，然後停頓。這是為自己和為領導的屬下，建立解決問題的心態，而非指認問題的心態，很棒的方法吧。

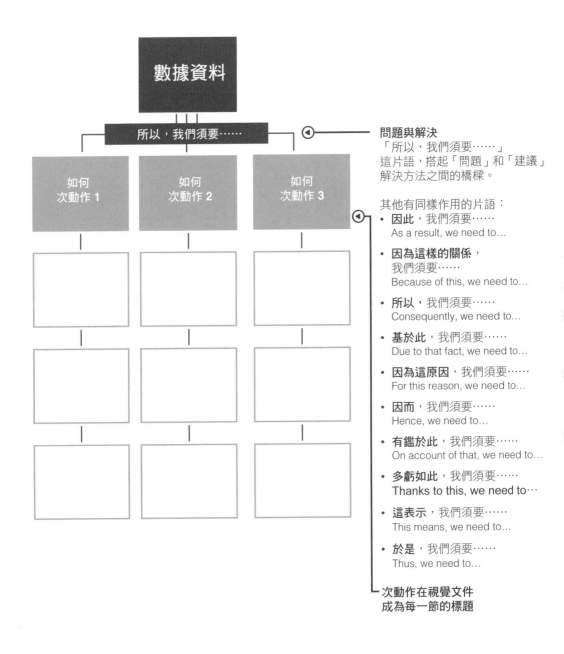

問題與解決
「所以，我們須要……」
這片語，搭起「問題」和「建議」
解決方法之間的橋樑。

其他有同樣作用的片語：
- **因此**，我們須要……
  As a result, we need to…

- **因為這樣的關係**，
  我們須要……
  Because of this, we need to…

- **所以**，我們須要……
  Consequently, we need to…

- **基於此**，我們須要……
  Due to that fact, we need to…

- **因為這原因**，我們須要……
  For this reason, we need to…

- **因而**，我們須要……
  Hence, we need to…

- **有鑑於此**，我們須要……
  On account of that, we need to…

- **多虧如此**，我們須要……
  Thanks to this, we need to…

- **這表示**，我們須要……
  This means, we need to…

- **於是**，我們須要……
  Thus, we need to…

次動作在視覺文件
成為每一節的標題

解說理由才能引發動機

提出建言常犯的錯誤是，馬上跳去講應該做什麼和怎麼做，完全跳過解釋理由這部分。

聽取你提議的一方，很可能是要執行這些事的人。他們會要求你說服他們，為什麼必須這麼做。假如清楚地說明，你的建議「為什麼」很重要，比較能夠吸引人去執行。記著，將來要採取行動的是誰，有助於你想出好的支持論點，減輕拖延或妨礙建議批准的磨擦。

不過也要小心，提供支持的理由不能做得太過火。我們很容易想把每一分證據都納入視覺文件中，可是放進過多的資訊，也許會弄巧成拙。

回答「為什麼」可以多一層說服力

請自問為什麼須要這麼做：

不斷問自己：「為什麼，為什麼，為什麼，為什麼？」這與分析根本原因的過程相同，追究問題或機會的源頭。尤其當我們訴諸直覺，為什麼的答案往往隱藏在潛意識裡，我們必須小心地挖掘出來。

> 有些「為什麼」問題的答案，來自詢問「這是什麼問題」。什麼會受其影響？令人害怕、應該改變的數據是什麼？做與不做，人員的狀況會是什麼？

說明你曾放棄哪些想法和原因

說明你的建議原本可能有哪些走向:

　　高階主管打斷你的原因之一,是他們覺得你的建議或許可以換個方向。假設情況是,延遲交貨的訂單越積越多,主管要你找出解決辦法。你也許考慮過,購買生產速度更快的設備,增雇生產人手。但你最終提出的,卻是另一個建議,就是把拖延生產過程的零件,交由外面的供應商來生產。

　　高階主管或許比較想選擇「購買更多設備」,因此他們會想知道,你也考慮過這個建議,但為什麼後來決定不這麼做的原因。

回答「內容－理由－方法」來支持每張投影片的主要論點

這個「內容－理由－方法」模式,可做為每張投影片的架構。你可以用這類問題當實際標題,或是用來確保,你在文句中會回答這些問題。

內容
理由
方法

◉ **問題與解決**
問「內容是什麼?」,會發現明確可以使用的動詞,因為這是在回答「須要做什麼?」

問「理由是什麼?」,會得出「到底為什麼須要這麼做?」的答案。也加深讀者對每張投影片的意義。

問「方法是什麼?」,會揭露進行過程中的發現,並回答「怎麼完成?」的問題

自我質疑

別人會自然地想抓住講者觀點裡的漏洞。他們也許認為你的構想確實有缺點，也可能只是故意找碴，以免自己必須對你的建議採取行動。

　　想想在你之上的管理團隊，跟你同層級的同事，還有會受你建議影響的直屬部下。也想想聽取你建議的顧客、股東或員工。

　　考慮每一個可能讀到視覺文件的團體或個人，預測他們會如何反對你的建議。處理可能出現的反對意見，也許是簡報中最具說服力的部分。把反對意見和相對主張納入考量，有助於更精準、更易於辯護你的建議。

扮演懷疑者

　　就算數據證明你的立場穩如泰山，也請再次檢查，搜尋證據時，你是否有所偏頗。請扮演你構想中的懷疑者和反對者，把可能否定你的主張的場景，都演練一番。把凡是你想得到的明顯反對意見，都納入視覺文件。假如你不細心地提出不同面向的看法，觀眾也許會認為，你未考慮到其他觀點。

　　請自問：「如果反對意見有理，怎麼辦？」針對未知或無從知曉的答案，你也要做好應對準備。

撰寫反對主張

　　一旦考慮過所有反對意見後，再回去檢視相關數據，交叉檢驗你的建議。然後撰寫反對主張，敘述與你的建議相左的論點，並清楚指出，證據不支持哪些看法。檢視你的建議可能遭遇到的所有反對。

過渡式片語

當你說出反對主張後，可以使用過渡式片語加以否定：

我不同意…… I don't agree...
我完全反對…… I completely disagree...
我無法接受…… I couldn't go along with that...
我反對…… I disagree that...
我不能認同…… I don't agree with it...
我不認為…… I don't think it...
我有疑慮，因為…… I have doubts because...
這很難讓人接受，因為…… It is difficult to accept because...
我絕不可能贊同…… There's no way I could agree with that...
這是錯的，因為…… This isn't true because...

納入「如果……，就成立」的假設

解釋數據時，你也是在預言未來的走向，你認為這是數據告訴你的，也就是說，你提的建議是根據假設而來。

假設有兩種：統計假設和商業假設。常見的統計假設，如隨機抽樣、獨立性檢定、常態分布檢定、變異數分析、穩定樣本等等，有助於確保測量系統正確而精準。[1] 本書關切的不是這種假設。我要討論的是，提出建議時的商業假設。

預測未來的商業假設

沒有人確切知道未來會發生什麼。即使有充分的數據，我們也只能做大膽的科學臆測（scientific, wild-ass guess，S.W.A.G.）。用數據預測可能的結果時，你是在推測、推論、推斷、想當然耳。天啊。有些不容一絲變通的讀者，現在可能砰的一聲把書闔上了。

由於商業假設十分主觀，所以你根據什麼假設得出建議，說清楚講明白

---

1. 有些產業要求，在建議中納入所有統計假設。製作報告前請先查明，這是不是你所屬產業的慣例。如果是，你必須說明像是統計假設修改的時間、未包括哪幾段時期、沒有推算出哪些數據、缺少哪些變量、是否用非隨機採樣樣本、可能有某一軸分配不均等等情況。

就很重要了。一般常見的問題是，商業上使用的數據，大部分到第2天就過時了，而不斷改變的數據集，可能大大影響你的結論。

舉例來說，為預測組織未來5年的獲利，你可能針對影響組織財務的因素提出假設。你的結論也許是根據以下假設：利率維持不變，捐助者維持現有捐贈率，或公司所在地的辦公室空置率仍然很高的情況下。

高階主管很清楚，為了從數據做出預測，必須設下如同上述情境的假設。但是如果你主動先講出來，不必等他們問起，主管會留下深刻印象。你也要準備好為這些假設辯護，否則你的建議會引起質疑。

> 在預測未來時必須表明，就算沒有具體證據的支持，你的哪些假設依舊會成立。商業是流動的，時時刻刻在變化，如果要等待數據維持不動，那永遠做不成決策。即使不確定性很高，公司還是須要做決策。

建議可採用的商業假設

假設你提出的建議是基於某些假設，請以「如果……，就成立」的形式表述。

「如果……，就成立」的範例

……營收持續以 2.5% 的比率成長　　……時薪維持不變
……不發生重大經濟波動　　　　　　……市況維持不變
……不出現重大技術變化　　　　　　……繼續減薪
……招聘員工以目前的速度進行　　　……技術未出現新發展
……零附件的供應順暢　　　　　　　……參與調查者都是低所得
……沒有意外的競爭者出現　　　　　……公司繼續投資 IT 系統
……訂閱數維持目前成長率　　　　　……經過根據當前業績計算

檢視建議樹的組成

講了許多基礎的東西，現在是時候透過分析建議樹來重新定位了。樹狀圖結構可以引導你思考，建立合乎邏輯的的視覺文件架構，以協助他人做決策。

下圖是建議樹的構造圖。每個長方格代表一張投影片。製作投影片時沒有固定模式，因為每個建議的複雜度不一樣，這裡舉一個簡單的例子（附加說明）。

建議樹的構造圖示範

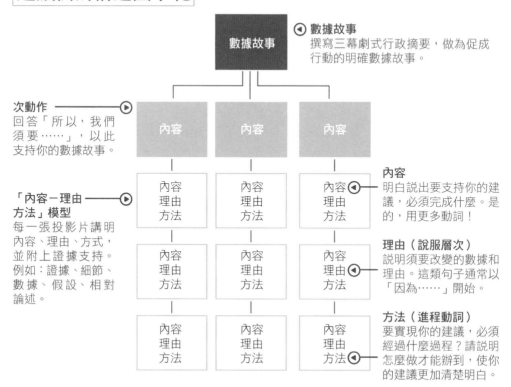

「我們須要新一代的
高階主管，他懂得如何用
數據管理和領導。
我們也須要新一代的員工，
他能夠協助主管用同樣的
數據，組織和建構企業。」

——馬克・貝尼奧夫（Marc Benioff），Salesforce雲端軟體公司執行長

第三篇

製作清楚的
圖表和投影片

第6章

選擇圖表和
撰寫研究心得

第7章

把觀察見解加入
圖表中

第8章

建立容易瀏覽的
視覺文件

第6章

選擇圖表和
撰寫研究心得

選用人人都懂的圖表

選擇最適合溝通的圖表種類很重要。目前有很多好看又吸引注意力的製圖方式。龐大的資料庫加上了不起的視覺智慧，可以讓數據在螢幕上跑跳走動，下面還有點擊就能打開的一層層數字。隨著數據集越來越大，圖表也越複雜且吸引人。

使用複雜的圖表、花俏炫目的商業智慧工具，固然可以幫助發掘洞察力，不過當你要解釋建議該採取的行動時，必須以簡單易懂的視覺方式，呈現研究心得。觀眾須要迅速、清楚地了解你在說什麼，所以請用最清楚、最常見的視覺格式，編排和注解數據。使用一般人都熟悉的圖表：直條圖（barchart）、圓餅圖（piechart）、折線圖（linechart）。我懂你想說什麼，現今有很多新潮的視覺化工具，我卻只提出這些？請記得，本書目的是贏得行動的共識。為了使別人買帳，清晰必定勝過要酷。

我並不是說忽視你手上可能有的、各種令人屏息的商業智慧工具。你可以用那些工具去蒐集和探勘數據，然後以最簡單的方式，清楚有力地表達研究心得，展現重要觀點。這通常是直條圖、圓餅圖或折線圖。使用沒必要的複雜圖表，只會使看圖的人多花心神，注意力反而無法集中在重要的見解上。

複雜的視覺圖象看起來權威感十足，導致人們停止自行判斷，接受表圖資料完全正確，沒有偏頗。這點看似有利，然而，你本來期望別人跟著你一起，從數據得出與你相近的看法。不要過度誇大結論。再者圖表太複雜，可能使重要的見

解被淹沒。

通常最深入、對組織影響最大的研究心得，用格外簡單的圖表表達最好。要是你有信心，觀眾很熟悉複雜的圖表，代表這是你們產業的共同視覺語言，那麼你100％可以使用。

用以下圖表來探勘

複雜的圖表也許很吸引人，看起來很厲害，但是往往掩蓋了主要論點。

用以下圖表來解說

一般人很容易處理和看懂直條圖（顯示數量）、圓餅圖（顯示百分比）、折線圖（顯示時間變化）。

◀ 這些圖每個人都看得懂。
每個人！

為圖表下清楚的標題

圖表標題必須符合事實，不偏不倚。標題須要傳達圖中顯示了什麼數據、用什麼方式、在什麼時候測量所得。組織會追蹤具體名詞（人員、地點、事物）和抽象名詞（想法概念），以監控組織的健全狀態。

組織全天候追蹤名詞

名詞

具體名詞

看得見的人、地、事

關於具體名詞的數據，是經過計算、測量、追蹤得知：

* 人員：可以測量病假天數、員工總數、顧客增減。
* 地點：可以測量地區或地理位置。
* 事物：可以測量訂單、存貨、裝置。

抽象名詞

看不見的思想、感受、品質、狀態

關於抽象名詞的數據，是從觀察、訪談、調查而來：

* 員工：可以測量投入度
* 顧客：可以測量滿意度
* 市場：可以測量對公司產品或品牌看法等等

◀ **測量抽象名詞不易捉摸**
想法、感受、品質或狀態，用肉眼看不見，又很主觀，這代表測量不一定精準，甚至完全無法量化。沒錯，有些東西非常重要，眼睛卻看不見。

正確理解你測量的東西十分重要。你是在測量顧客人數,還是線上顧客也在零售店購物的百分比?圖表的標題必須清楚標示。

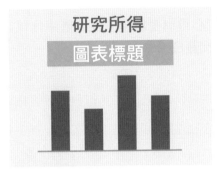

圖表標題
標題應當直接易懂,不要不知所云。勿添加不必要的描述。只要提示你測量的名詞和時間(日期或期間)。測量方式(單位)通常標示在 y 軸上。

圖表標題舉例
- 中性標題:2019 年每月獲利百分比。
- 這不是圖表標題:我們達成今年的獲利目標!

描述研究心得

圖表標題要合乎事實,保持中性,而研究心得則是敘述,從圖表中你得到的見解。心得支持你如何看待數據呈現的問題或機會。

　　心得是標題外多加的一句簡短敘述,說明圖表的意義。可以放在圖表標題之上(如下圖顯示),做為投影片的標題,或是插入視覺文件檔案,做為主要的次標題。

圖表心得

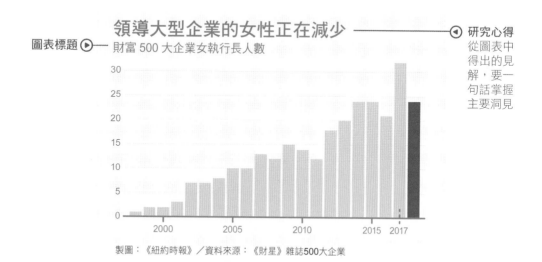

圖表標題 ▶── 領導大型企業的女性正在減少 ──────◀ 研究心得
財富 500 大企業女執行長人數　　　　　　　　　　　　　從圖表中得出的見解,要一句話掌握主要洞見

製圖:《紐約時報》/資料來源:《財星》雜誌500大企業

心得支持提議的背景

左頁的圖表刊登於《紐約時報》（*New York Times*）。他們選擇了對該報而言重要的心得：領導大型企業的女性正在減少。你也可以寫成：「上市公司女執行長在2017年大增」，或是「女執行長逐年增多」，都能成立。心得怎麼寫，就是告訴讀者重點在哪裡。

用敘述性語言撰寫心得

研究心得裡可能用到兩種詞：

1. **用形容詞描述名詞**：在圖表中，用形容詞表達靜態數量，例如在組成圖（圓餅或瀑布圖）中，有年度總計或年度比率。

2. **用副詞描述動詞**：這適用於一段時間的數據，例如趨勢線。

要是語文並非你的強項，下一節將教你一些訣竅。

用形容詞陳述直條圖的大小

直條圖通常用來表達名詞的數量。主要用不同高度或長度的直條，來表示不同的數量，以比較各條數量的異同。我們可以看到直條長短的差異。

請利用下方的形容詞，撰寫關於大小差異的觀察心得。

用直條圖傳達 | 用按大小排列的直條圖傳達

最多 Most	最少 Least	較多 More	較少 Less
成長 Grew	萎縮 Shrank	第一 First	最後 Last
最大 Largest	最小 Smallest	向上 Upward	向下 Downward
較高 Higher	較低 Lower	在前 Precedes	在後 Follows
超前 Ahead	延遲 Behind	最大 Maximum	最小 Minimum
較長 Longer	較短 Shorter	上升 Rising	下降 Falling
較強 Stronger	較弱 Weaker		
領先 Leading	落後 Trailing		
更多 Greater	更少 Fewer		
優於 Better than	劣於 Worse than		
大於 Greater than	小於 Less than		
多於 More than	少於 Less than		

用分裂式和流動式直條圖傳達

較寬 Wider ——————— 較窄 Narrower
開始 Starts ——————— 結束 Stops
起步 Begins ——————— 完成 Completes
向左 To the left ——————— 向右 To the right
領先 Ahead ——————— 落後 Behind
接近 Close ——————— 遠離 Distant
平衡 Balanced ——————— 失衡 Imbalanced
偏斜 Lopsided ——————— 對稱 Symmetrical

小秘訣 ▶ 你也可以用具體特性，來描述數據構成的形狀，舉例：這趨勢像跳台滑雪，一路
下滑；這情況像一呼一吸地鬆了一口氣。

用形容詞陳述組成圖的比例

圓餅圖或瀑布圖是讀者一看，馬上就看到整體最重要部分的圖表。用顏色凸顯最重要的區塊，可以使讀者易於領會大小差異。

圓餅圖

　　圓餅圖只是顯示各區塊比例，一種直觀的視覺印象。所以，如果重點在確切說明大小差別，或是讀者看不出各區塊數字的實際差異，請改用直條圖。

瀑布圖

　　瀑布圖是另一種可以清楚呈現比例的圖。這是堆疊式直條圖，每條直條是各自分散的，彼此間的比例很清楚。瀑布圖可以顯示數據的靜態樣貌，或是一段時間內數據的百分比變化。

組成圖以視覺表現比例的差別，顯示數據總量內的比例或百分比。請下方的形容詞，撰寫對比例差異的研究心得。

用組成圖傳達

大比例 Large proportion ——————— 小比例 Small proportion
高百分比 Large percentage ——————— 低百分比 Small percentage
一樣多 As much ——————— 不一樣多 Not as much
最大 Largest ——————— 最小 Smallest
很多 A lot ——————— 些許 A little bit
主要部分 Main part ——————— 次要部分 Lesser part
多數 Majority ——————— 少數 Minority
多於 More than ——————— 少於 Less than
最多 Most ——————— 最少 Least
全體 All of ——————— 部分 Part of
重要 Significant ——————— 不重要 Insignificant

用副詞陳述折線圖的趨勢

線條通常是用來呈現，數量如何隨時間而變化，或是維持不變。因此，這裡用動詞講述一段時間內的變動。

請用類似本頁的動詞，描述線條隨時間的走向。

折線圖傳達

攀升 Climb
改進 Improve
增加 Increase
恢復 Recover
上升 Rise
衝高 Spike
激升 Surge
跳漲 Jump
到達高峰 Peak
超前 Outpace

平穩／下滑 Steady/decline
停滯 Stagnate
持平／減少 Flatten/decrease
惡化 Deteriorate
穩定／向下 Stabilize/downturn
不變／降低 Maintain/fall
暴跌 Plummet
挫低 Slump
落入谷底 Decline
落後 Fall behind

多線圖傳達

接近 Close
集中 Converge
聚合 Move together
縮小／重疊 Tighten/overlap

分開 Move apart
分歧 Diverge
分立 Separate
遠離 Far apart

副詞修飾與時間變化相關的動詞

解釋圖表中的線條透露什麼訊息時，為了說得更清楚，請在動詞前後加上副詞，以形容時間變化的性質，或各線條之間的關係。你可以用以下副詞來形容線條起伏的幅度：

1. **劇烈、鮮明、飛快、迅速、立刻**
   Dramatically, sharply, rapidly, quickly, swiftly
2. **充分、相當、大幅、一致**
   Substantially, considerably, significantly, consistently
3. **緩慢、明顯、緩慢、逐漸、穩定**
   Moderately, markedly, slowly, gradually, steadily
4. **略微、小幅、些許、極小**
   Slightly, fractionally, a little, minimally

比方說，把左頁的動詞，結合本頁的副詞，就可以描述從圖表線條中得出的心得。

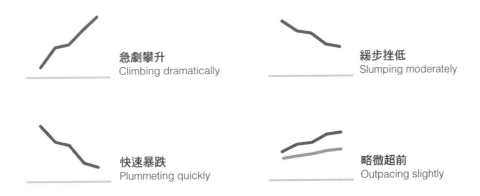

急劇攀升
Climbing dramatically

緩步挫低
Slumping moderately

快速暴跌
Plummeting quickly

略微超前
Outpacing slightly

「觀察研究
是消失中的藝術。」

——史丹利・庫柏力克（Stanley Kubrick），導演

第 7 章

把觀察見解加入
圖表中

為圖表附加注解

我們研究數據投影片時發現,本公司的設計師為圖表加注,有一套很出色的方法。我很高興從他們世界級的設計裡,發現隱含其中的高明之處。他們設計一連串別出心裁的簡單視覺元素,為圖表的數據增加層次,像是覆蓋上去、用來解釋與數據最相關的部分。

強化數據點

凸顯數據
選用對比色,使主要觀點特別突出。

標示數據
用大型圖形標籤,使某個數據點更清楚。

使用視覺注解時，可以用一種不違和的方式，快速處理你要表達的觀點。這種注解有雙重作用：可以強化單一數據點（凸顯數據或標示數據），也可以在數據點上做數學運算（加括弧、畫線、放大）。以下面會舉出，達到這兩種效果的多種方法。

在數據點上做數學運算

加括弧
列出運算方式，以顯示數據的差異或總額。

畫線
加畫一條標竿線或目標線，讓大家注意到未達標或超標的部分。

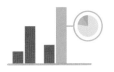

放大
在大類項下再細分區塊。

小秘訣 ▶ 請上 duarte.com/datastory 取得圖形注解檔（graphicalannotations）

強化數據點

凸顯數據

　　如果要突出某個數據，圖中的次要元素都用中性色或灰色，再刻意用顯目的色彩，來標示想要吸引人注意的元素。如下圖所示：

標示數據點

　　想要確保圖表中的某個數字不被忽略，請把那個數字放大。再為數字加上圖形標籤，特別有用。如下圖所示：

小秘訣 ▶ 甜甜圈圖就是圓餅圖，只是在圓心中央加注最
　　　　重要的資訊。

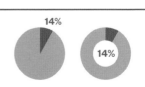

在數據點上做數學

加括弧

在你想做數學運算的數據點周圍，畫上括弧或格子。在視覺上結合兩個數據點，再標示加、減、乘。例如，你可以把圓餅圖某些區塊加總，或是計算兩個直條間的高度差。如下圖所示：

畫線

用線條來展示標竿或目標區，然後以數學運算標出超過、低於目標多少。線條可以表示已達成的百分比，並強調還須要完成的部分。如下圖所示：

放大數據

　　數據的類別下，經常還有次類別，像是銷售總額下，還可以細分區域別。

凸顯次類別的好方法，是把相關細節放大為一個次圖表。如下圖所示：

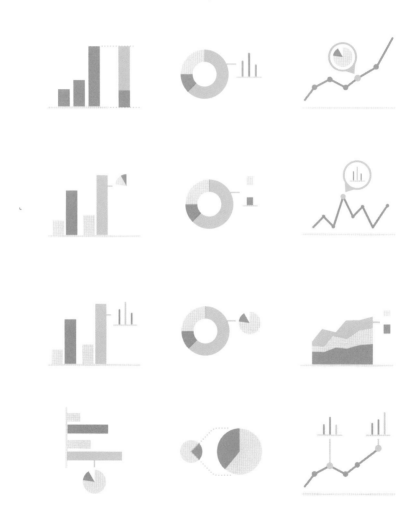

用視覺消化你的觀察洞見

下圖是對照案例，我們公司有一個很棒的工具，可以集中數據並用視覺化表達。這套工具繪製的圖表之一，就是下面的泡泡圖。圖中Y軸反映出每週可收費時數的百分比，X軸則是每週的平均工時。泡泡的大小代表第3類數據點，也就是追蹤每個人做了多少不收費的工時。

　　這張圖可以清楚看到，員工不收費的工時，數量上差別很大。如果在可收費比例75％的地方，畫一條直線做記號，做為每個員工的可收費目標，你很快就可以看出有哪些員工超過75％。不過對我來說，要讀出這張圖的洞見太費工夫。你必須滑過一個個泡泡，看看誰有效率，或是誰做了太多無法收費的職責。

每週收費時數百分比泡泡圖

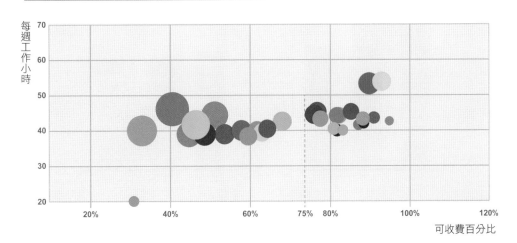

我問數據設計師，能不能繪製新圖，使觀察到的見解更顯而易見？問他是否能為自己認為特別重要的見解，加上附注？他接受這個挑戰，然後畫出以下的圖。

我匿名了團隊成員的名字，其他圖表與見解都出自設計師之手。他找出要處理的主題，並且發現，最高層人員的工時雖然多很多，可是能收費的時數，占全部工時的百分比卻較低。更有一位高階人員升職後，可收費時間大幅減少。數據分析師提出清楚的建議供我思考這問題，省去我必須看一堆泡泡，才看出其中端倪的時間。

每週收費時數百分比直條圖

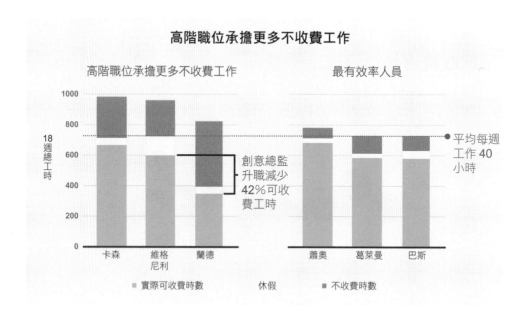

「設計師是新興的綜合體，
身兼藝術家、發明家、
機械師、客觀經濟學者、
進化策略家。」

——巴克敏斯特・富勒（Buckminster Fuller），美國作家、發明家

第 8 章

建立容易瀏覽的視覺文件

把建議做成視覺文件檔

在分秒必爭的世界，人們喜歡可以快速消化，可靠度也讓人有信心的資訊。

視覺文件是一種視覺檔案，是為了快速消化而設計。目的在於提供閱讀、傳閱，也可以用來做簡報。利用簡報軟體，就可以做出高效能的視覺文件檔。許多高階主管喜歡收到投影片形式的內容，因為投影片能夠限制報告者提供多少細節。把內容整理為投影片，可以提高閱讀效率，也鼓勵製作者要努力做到簡明扼要。以下介紹組織常用的各類視覺文件：

文字密度光譜

詳盡的文件
證明對某觀點的深入研究

組織各部門都會有一些文件，內容必須詳盡而周詳，通常採取諸如備忘錄、報告、說明書、手冊、概要等形式呈現。這些作品以連續、直線敘述的方式，呈現詳細資訊。

說明式視覺文件
清楚易瀏覽的建議

這種形式應該在詳盡和可掃讀之間，求取適當平衡。作用在於事前快速略讀，或是聽簡報時的參考。視覺文件是以簡報軟體製作，結合文件的長處與視覺圖像的優點。

說服式簡報
以視覺輔助發言

投影片可以當做視覺背景或舞台布景，為你的發言提供視覺上的支持。利用視覺效果，可以結合口說的力量與引人注目的畫面，幫助觀眾記得你簡報的內容。

很多高階主管要你提供看法時，會說：「給我五張投影片」，這時他們想要讀的是簡潔的視覺文件。由於不是做口頭報告，視覺文件的內容必須包含足夠豐富的資訊，既可以做為單獨存在的溝通文件，又可以迅速消化。

大腦同時間只能專注一種資訊：只能聽或看。觀眾不是聽你講述，就是閱讀你的資料。因此很少（即使有）在開會或正式簡報時，同時又播放視覺文件。如果有人要求你播放視覺文件，那在第一次播放時不要說話。讓在場的人靜靜地瀏覽，然後再主持討論，以取得共識，得出決策。

視覺文件中，一張投影片只能表達一個想法，因此每張投影片也成為獨立存在的單位。每個單位內容必須模塊化，意思是，很容易讓觀眾剪下、貼上，傳播到別人的投影片組中。引人入勝的視覺文件，其實是散播個人想法的良策。受歡迎的視覺文件會在組織裡廣為流傳，因為大家覺得很受用。這也是你建立個人聲譽的好辦法。

小秘訣 ▶ 要是與會者會前沒事先看過你的視覺文件，你可以在會議開始時，撥出約十分鐘，默默地播放投影片給與會者看。為使大家不打斷你，請他們暫時不要發表意見，有意見可以先寫下來，隨後再討論。

把視覺文件想成一本視覺書

視覺文件從設計精良的書籍取經，遵循歷久不衰的格式。書籍有封面、目錄、章名頁，清楚宣告了延續書的結構。

鑑於視覺文件強調視覺表現和易於瀏覽，不妨把視覺文件想成像雜誌，視覺層次極為重要。一本書在正文之前的部分叫前頁，首先看到的是封面頁，那是立即傳達訊息的機會。你有多少次因為書名很棒而拿起一本書？「封面」包括書名、作者名和完成日期。視覺文件的標題，可以加上副標題，這是建議的短小精悍版。

視覺文件前頁解析：封面、目錄、行政摘要

標題與副標題
視覺文件的標題就像書名，必須能夠吸引人閱讀它。想一個確切的數據觀點做為標題。必要時加上副標題，使主題更明顯。

作者姓名
在姓名下附上連絡資訊，這是為了讓想傳播你的視覺文件的人，易於與你取得連繫。

日期
資訊的時效是適用性的關鍵因素之一。切記不要讓人自行評估，你的視覺文件有多符合時效。

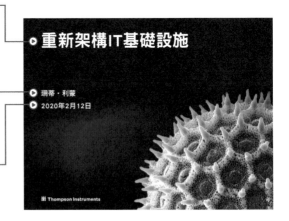

重新架構IT基礎設施

珊蒂・利蒙
2020年2月12日

Thompson Instruments

「目錄」可以讓讀者快速瀏覽文件的結構，並了解建議的梗概。你也應該加上頁碼，方便讀者直接翻閱，他們認為最須要注意的章節。假使視覺文件的主體少於10張投影片，或許可以選擇省略目錄。

儘管目錄在視覺文件的最前面，卻要最後編寫。製作投影片時，內容和次序經常改來改去，所以別浪費時間反覆確認頁碼，等到最終確定不會再改時再填寫。目錄後面應該是投影片「行政摘要」。請不要用項目符號條列呈現。請撰寫完整的句子，傳達完整的概念。

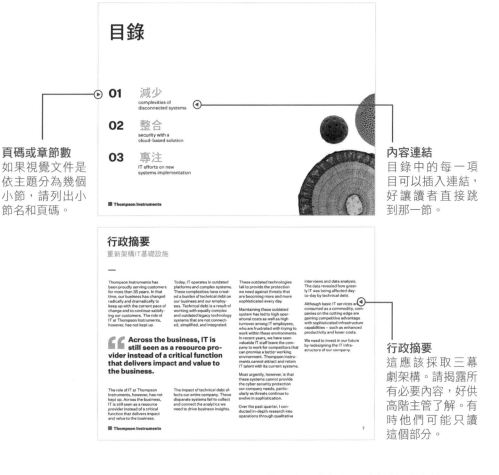

頁碼或章節數
如果視覺文件是依主題分為幾個小節，請列出小節名和頁碼。

內容連結
目錄中的每一項目可以插入連結，好讓讀者直接跳到那一節。

行政摘要
這應該採取三幕劇架構。請揭露所有必要內容，好供高階主管了解。有時他們可能只讀這個部分。

編排方便閱讀的內容

編排每張投影片的內容，必須有清楚的層次，讓讀者知道要先讀什麼，再讀什麼。

投影片的標題和副標題，應放在左上角，字體最大。大多數簡報軟體的投影片標題，內設位置就在這裡。西方社會是從左到右橫著往下讀，從左上讀到右下，呈「Z」字形。

每一頁的編排要順應這種閱讀模式，不要反其道而行。視覺文件的設計一定是，從左上讀到右下最後一行。

視覺文件的版面設計包含四要素：數據、圖像、圖表、文字。以下圖解說明這四要素。

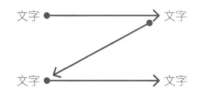

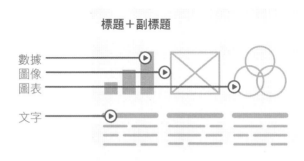

請注意下方的版面設計。標題都在標準／內設位置，可是每張投影片內容卻很不一樣。這些配置顯示，你可以把一頁分為二、三、四欄。最多六欄，再多就不建議了。

二欄格式
全頁明顯分為兩半

三欄格式
全頁明顯分為三部分

四欄格式
全頁明顯分為四部分

變化標準格式以凸顯內容

在我們檢視的諸多投影片組中，有些會用色塊吸引眼球，吸引人們注意重要的內容。

利用色塊引人注意的版面配置圖

左邊色塊放標題和副標題

要吸引觀眾注意投影片標題，不妨將標題放在左邊色塊，讓讀者最先看到。當須要觀眾特別注意某張投影片的標題時，可以在那小節的第 1 張投影片、甚至中段投影片採用這種設計。

底部和右側色塊放關鍵提示

由於閱讀習慣的關係，版面配置是從左上讀到右下的「Ｚ」字形，當你想要強調行政摘要內容或重點提示時，色塊應該放在底部或右側。這種結構能夠協助讀者，充分理解最重要的部分。

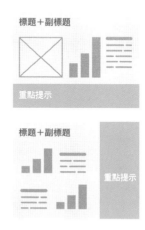

前幾頁的例子都是標準配置，標題也都在標準／內設位置。

如果增加垂直或水平的色塊，可以凸顯重要的內容。如此安排能夠使重要元素的份量變重，讓人眼睛為之一亮，這方法也適用於簡潔有力的摘要或重點提示。

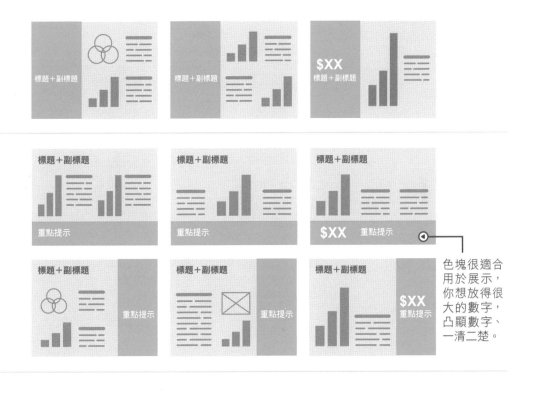

色塊很適合用於展示，你想放得很大的數字，凸顯數字、一清二楚。

務必讓讀者看到強調的文字

花點時間，挑出每頁要強調的重點，以免讀者遺漏。有幾種方式可以突出文字。雜誌、報紙、網站多年來，也是用這些技巧強調文字。下方展示同一篇行政摘要，用不同手法凸顯文字的例子。

5 種凸顯文字的方式

改變線性內文字的屬性

改變文字的色彩或字形（如粗體或斜體），使強調的文字與眾不同。有些聖經版本，會用紅色標示耶穌講的話。

用底色做區隔

在想要強調的文字段落，加上背景顏色，看起來像是用螢光筆畫過。深色文字用淺色背景，或是文字反白，背景用深色強調出來。

打破行距格式

想在排列整齊的內文版面上，突出文字的方法之一，是打破行距、字體大小的設定，讓文字破格呈現。

用超大引號

強調引文的好方法，是把引號放至特大，顯示重要性。

把文字放在形狀裡

把重要文字放入某種形狀。像是填滿底色的長方體，或是用線條圈起來。

小秘訣 ▸ 請到視覺文件Slidedocs.com下載免費視覺文件範本，有漂亮的版面設計和現成可用的功能。

檢視建議樹的構造

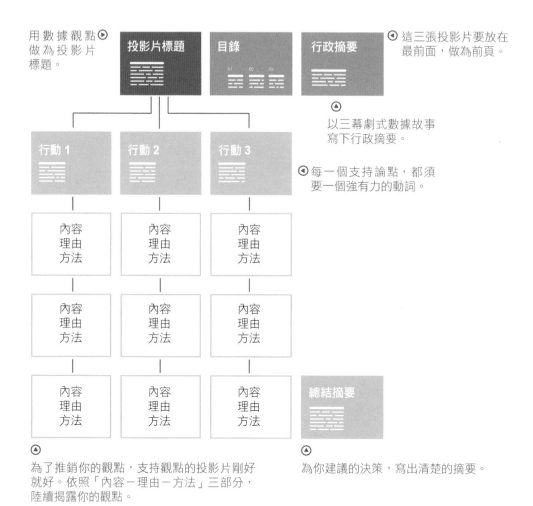

用數據觀點做為投影片標題。

這三張投影片要放在最前面，做為前頁。

以三幕劇式數據故事寫下行政摘要。

每一個支持論點，都須要一個強有力的動詞。

為了推銷你的觀點，支持觀點的投影片剛好就好。依照「內容－理由－方法」三部分，陸續揭露你的觀點。

為你建議的決策，寫出清楚的摘要。

如果你打算把視覺文件印出來、貼在牆上，會出現類似左頁的結構。要是你的建議須要做廣泛研究，或是具有重大策略意義，或許會比這裡呈現的投影片還多。

在附錄裡放進參考資料

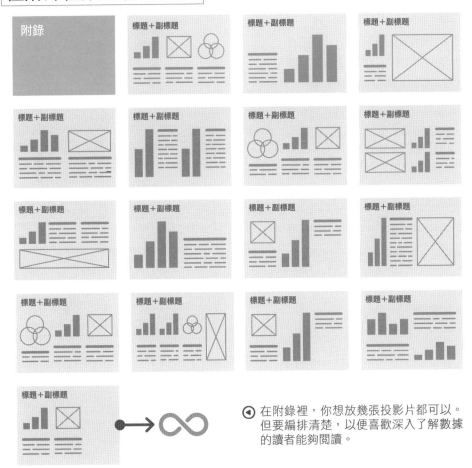

⊙ 在附錄裡，你想放幾張投影片都可以。但要編排清楚，以便喜歡深入了解數據的讀者能夠閱讀。

把視覺文件當成
建議樹來檢視

右邊是湯普生工具公司
（Thompson Instruments）IT
主任所做的視覺文件，目的在
於說服公司高層提供經費，重
新設計該公司的IT基礎設施。

　　請注意檔案中，標題、目
錄和行政摘要的呈現方式。建議
本身用含標題的三小節來支持。
每1小節的標題下，有密集但易
於瀏覽的文字，回答「內容－理
由－方法」。

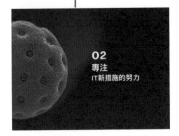

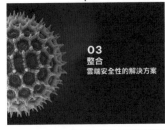

「設計好，賣得就好。」

——湯瑪士・華特森（Thomas Watson, Jr.），前IBM總經理

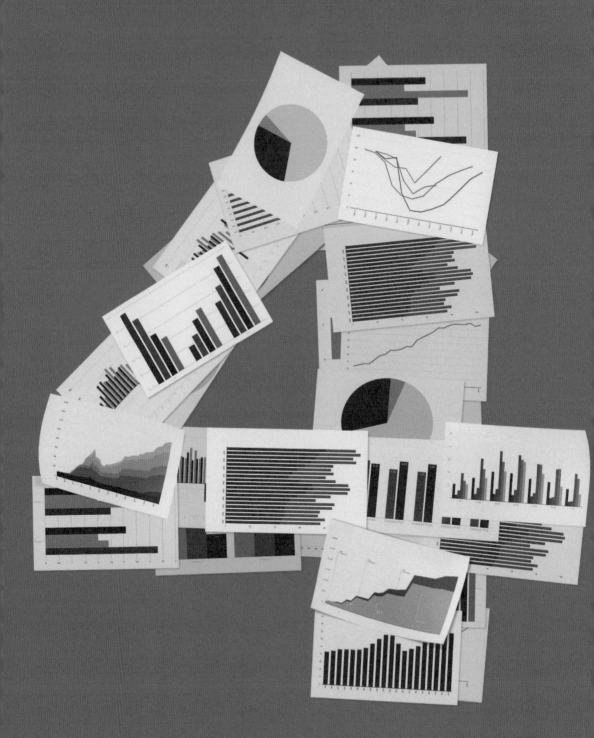

第四篇

讓數據深入人心

第 9 章

正確說出數據
規模

第10章

人性化數據

第11章

用數據說故事

第 9 章

正確說出數據
規模

用聯想物來比擬數據

報告時會用到很大和很小的數字，有時大或小到令人難以理解的程度。對於肉眼都看不見全貌的東西，我們如何想像數字有多大或多小呢？

　　為了幫助觀眾理解，數據的規模有多大，請拿觀眾熟悉的東西與對比。當2018年媒體大肆報導，亞馬遜執行長傑夫‧貝佐斯（Jeff Bezos）的身價時，科學家尼爾‧戴格拉斯‧泰森（Neilde Grasse Tyson）推文說：

> 「沒有人特別問起，不過@Jeff Bezos擁有的1,300億美元，如果用一張張鈔票排下去，可以繞地球200次，再到月球來回15次，剩下的還可以繞地球8次。」

　　哇，聽起來這筆錢真的好多喔。可是月球到底有多遠？在23萬8,000哩外。好吧，可是那很難想像。大多數人都只是凡人，從未在一次旅程中，到過那麼遠的地方。通常我們搭乘飛機，最遠大多1萬哩以內。如果泰森說：「1,300億用1美元鈔票疊起來，厚度是8,822哩，相當於橫越美國來回3.4趟」，這個金額會更易於理解。

　　另一個衡量貝佐斯財富的方法，來自《富比世》（*Forbes*）雜誌。他們為判定貝佐斯每年的收入，計算了他2017年和2018年身價的變化。用時薪來計算這筆金額，讓人比較好聯想。他的時薪是令人咋舌的447萬4,885美元，是亞馬遜員工年薪中位數2萬8,466美元的將近157倍。再細分，他每分鐘賺進7萬

4,581美元，每秒鐘1,243美元。

我們現在用到的許多數字，深不可測到人類大腦無法具體理解的程度。2004年臉書（Facebook）用戶達到20億。2018年蘋果電腦成為第一家，淨值達到1兆美元的公司。2018年12月，美國國債達到21兆9,700億美元。這些數字要怎麼理解？

🔵 賈伯斯把新產品拿到靠近臉的位置。當畫面投射到大螢幕上時，
觀眾可以立刻感受到產品大小。

傳達規模大小的感受

數據永遠要精確。但是如果要幫助他人了解，數據規模大到什麼程度，精確就不是重點。我們要找約略的比較對象，以便快速傳達數字的規模。

　　假如非得要精確不可，那這一章也許可以跳過。不過你也可能從中受益良多。在貝佐斯身價用鈔票堆疊的例子中，也許你會發現，美國財政部計算一美元鈔票的厚度（0.0043吋），是可接受的度量單位。或者你斤斤計較，對新鈔與已流通一陣子的舊鈔，有些微的厚度差距為樂，但是這對領會龐大數字並不重要，因為人們對一美元紙鈔的厚度已經有基本概念。

人們感受規模的方式
　　要幫助他人理解，某個數字多大或多小，有時並不容易。把數字與人們一般熟悉或可以聯想的東西相比，就能使數據變得更清楚。

尺寸
與可聯想的尺寸相比

距離
與已知的距離相比

時間
與某段時間相比

速度
與某樣東西的行進速度相比

等等，那重量感呢？

有些測量對象要小心去找合適的比喻對象，因為用直覺感受並不容易。

1.重量

儘管重量是商業上常見的測量對象，卻不像肉眼可見的度量，那麼易於聯想。重量大致是根據大小，在大腦產生感覺，可是經驗告訴我們，大小和重量不見得如我們預期成正比。一個大物件可能很輕。而且，我們往往無法想像與感受，自己無法舉起的重量。你可以感受一瓶水有多重，可是你能理解100萬瓶水的重量嗎？恐怕不能。[1]

2.高度

高度比長度或距離更難聯想一點。我們對自己的身高有感，對接近我們視線高度的東西也有感。另外，有些高度因為時常看到，也近距離接觸過，所以可以實際感受得到，像電線桿、建築物的層樓高、足球的門柱等等。可是一旦超出我們熟悉的範圍，對高度就會失去直覺感受力。假設某東西有一哩高，除非你是飛行員，否則無法感受那是多高，因為沒有同樣高度的東西可以類比。

3.微量

在微量世界裡，一根人類頭髮和一粒沙子的寬度相差很大。可是我們的眼睛看不見，甚至觸摸也感受不到。除非你的工作常會用到顯微鏡，否則要比較

---

1. 以直徑2.5吋的Dasani瓶裝水（500ml）為準，100萬瓶可填滿3/4個美式足球場（精確說是0.7535204個足球場）。這比去想像那些水可能有多重更容易。

微量規模的數量，根本難以想像。但是如果可以說明，在可聯想的尺寸裡，能夠容納多少極微小的東西，傳達出來的微量規模就不難想像。比方說1/5茶匙的水裡，就可能有多達10億個細菌。這樣我們就知道，細菌真的很小很小。

只要讀者能看到或感受到，比光憑想像，更可以領會數字代表的意義。就算在圖表上標示數字，說明某個軸代表的規模有多大，讀者或許還是難以理解。請以能夠聯想的東西，來比喻規模。

連結數據與可聯想的規模

現在，看看你周圍的環境，比較各種物品的大小。設法找出大小差不多的東西，然後再找出比這些東西小1/2的物品。

接下來，想像不在你身邊、但大小相近的熟悉物品。不難對不對？我們大腦很擅長這麼做。圖表大多在展現數量，所以，請把數量轉換為其他尺寸的物品。假設圖表軸上的數字超過100萬，請把數字轉換為某種東西的大小。例如，某產品的銷量減少100萬件，那麼大數量的產品，可能足以把該公司業務團隊所在的大樓，塞滿一半。或是100萬美元的鈔票可以堆得多高，一張張舖得多遠，好讓別人可以意會，圖中的數量究竟有多大。

可聯想的長度

- **常見單位**：直線的吋、呎、碼、哩、公分、公尺、公里。
- **可聯想的長度舉例**：人的身高、手長、腳長；雙臂張開的長度、信用卡或車道的寬度。可聯想的距離有操場跑道、橫跨一州、二棟建築間的棟距、從家裡到辦公室的距離。
- **統計數字**：賈伯斯在2008年推出MacBook Air時，宣稱它是「世上最薄的筆電」，厚僅1.94公分。
- **可聯想的比較**：賈伯斯在展示時，從牛皮紙信封裡拿出那台筆電，以顯示它有多薄。

長、寬、高
（還有厚度或距離）

（賈伯斯對電腦規模的形容
從影片 48:05 開始）

可聯想面積

面積（長 x 寬）

- **常見單位**：平方吋、呎、碼、英畝、哩、公分、公尺、公里。
- **可聯想面積舉例**：足球場、籃球場、街區、都市範圍。日本的房間面積是以塌塌米數量來表達，一個1塌塌米大約3平方呎。地點通常以面積來衡量。
- **統計數字**：大太平洋垃圾帶（Great Pacific Garbage Patch），面積超過160萬平方公里，成因是洋流把大量塑膠、人為垃圾帶到一大片區域。
- **可聯想的比喻**：這一大塊人類造成的災難，有兩個德州那麼大。

可聯想體積

體積（長 x 寬 x 高）

- **常見單位**：立方吋、呎、碼、公分、公尺。
- **可聯想體積舉例**：建築物、體育場、奧運游泳池、貨櫃、飛機。盡量用視覺和觸覺好聯想的東西。譬如飛艇，體積雖然很大，但是不能像飛機一樣，易於讓人聯想。
- **統計數字**：蘋果iPhone 6s的包裝，與第一代iPhone相比，可以在空運貨櫃，多裝50％以上的盒裝數量。
- **可聯想的比喻**：蘋果電腦指出，同樣一批貨，以前要4架貨機，現在只要2架貨機就可以運送，藉此把上面的數字，連結到二氧化碳排放量減少。

連結數據與可聯想的時間

在日常生活中，時間和速度經常有相互關係，都是很好的比喻來源。比方說距離＝時間x速度，所以傳達距離的好方法，是以我們熟悉的汽車或飛機速度，要行駛或飛行多久來表達。

須要多久

- **常用單位**：秒、分、時、日、月、年、十年。很少人能夠體會一世紀這麼長的時間。

- **可聯想時間區塊舉例**：工作時數、城市間飛行、一集情境喜劇、一場TED演講、微波爆米花、煮蛋。

- **統計數字**：在我們公司，複雜的數據須要23至26小時來處理。

- **可聯想的比喻**：從我們公司的系統中取出複雜的數據，用舊程序須要從紐約市飛到雪梨那麼久，還要再等一下才會完成。舊程序經過改善後，現在相當於從紐約市飛到洛杉磯的時間。

時間

速度有多快

- **常用單位**：每小時哩數，或前往不同地點須要的時間。

速度（距離 x 時間）

- **可聯想速度舉例**：一眨眼、走路速度、開車速限、一趟雲霄飛車。比較難了解的速度有毫秒（millisecond），或中央處理器（CPU）的時脈速度。

- **統計數字**：月球在26萬8,000哩以外，那到底有多遠？
- **可聯想的比較**：宇宙學家福瑞德・賀爾（Fred Hoyle）說，如果以每小時60哩的速度向天上行駛，大約1小時就能進入太空。到月球須要4,000小時（將近半年）不停地行駛。地球到太陽的距離是926萬6,000哩，以每小時65哩的速度行進，須要177年才能抵達。

混合以及配對來比較大小、時間、距離

規模最常見的感受方式，是透過數量、大小、距離、時間、速度等度量方式。混合配對這些度量，是一種讓數字比較有感的方法。

1. 以大小（面積）相比：

- **度量**：這一句開始那個小列點，相當於1/20（0.5）平方吋，1.27平方毫米。
- **比較**：100萬平方呎可填滿將近31頁。10億可填滿3萬0,864頁，1兆呢？3,086萬4,197頁，這樣1本書有1.22哩那麼厚。

2. 以時間相比

- **度量**：100萬秒是11.57天，10億秒是31.7年，1兆秒是3萬1,688年。
- **比較**：如果從第0年開始，每天花100萬美元，要到2,740年才花到一兆美元。

3. 以距離相比

- **度量**：1毫米大約是迴紋針、吉他弦、信用卡的厚度，感覺真的很小。

- **比較**：100萬毫米是1公里（約12個紐約市街區）；10億毫米是1,000公里，是賭城大道（Las Vegas Strip）長度（4.2哩或6.8公里）的150倍；1兆毫米是62萬1,371哩，可環繞地球25周。

在我們開設的課堂上，學員曾想出各式各樣瘋狂的數據比喻。例如有一位學員說：「如果領英的每次員工會議都在建議的刷牙時間之前開始，那麼與會者將有近1,250名員工。」（形容公司的夜貓族文化）另一位用追劇時間比喻她的數據：「可以連看552集《辛普森家庭》（The Simpsons）。」

用可聯想的事物比喻數據

除了用尺寸、時間、速度來理解數字，也可以相互比較各種名詞（人、地、物），好體會數量和規模。

用物體相互比較

在呈現具體物件的大小時，可以把觀眾熟悉的物品放在旁邊。不論是放在內部、上下、側邊、前方，位置相近就可以清楚地比較。

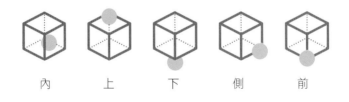

內　　　上　　　下　　　側　　　前

用可以塞滿某個空間來描述人數，易於人們理解。員工、顧客、病人、學生，通常會容身於廂型車、巴士、飛機、建築物、運動場、醫院、體育館、辦公大樓等等特定空間。

假定你有100萬個用戶，用體育館可以容納多少人來做比喻，觀眾會更易於體會。像是舊金山巨人隊（Giants）的棒球場，有4萬1,915個位子。因此你可以說：「我們的用戶如果用滿座的舊金山巨人隊球場來算，可以坐滿將近

24場。」至於要求絕對精準的行家，精確的計算結果是23.85780746749374場次。看吧，近似值是不是更好理解！

賈伯斯在形容第1代iPod時，沒有用度量單位或多少百萬位元組（megabytes）來形容，而是把iPod比做口袋的大小，那是我們很熟悉的。

（影片從 14:20 開始）

🔺「我口袋裡剛好有一個。這個不得了的小裝置，可以存放 1,000 首歌曲，放在我口袋裡剛剛好。」

——賈伯斯

表達對數據的感覺

你應該傳達出你對數據結果的情緒。要是重要的數字趨勢一路向上是好事，請表現得歡喜。如果持續向下是壞事，要表達你有多麼失望。

表達情緒的字句

請用各種語句表達你的感受。「這太不可思議了，對不對？」「太棒了！」「大家十分關切本公司，現在我們重新走上軌道，那種感覺非常非常好。」「這很不幸。實在實在非常不幸。」

反映情緒的聲音

如果圖表有動態設定，在發生情緒轉折影響時，你可以發出模擬音效，像是突然改變方向時車子發出尖銳聲響。賈伯斯公開演講時，如果對產品示範的速度感到興奮時，會發出「蹦」的聲音，總共用過79次。

- **爆破**：砰、轟、隆隆
- **相撞**：啪、砰、嘣、鏘
- **高速**：啾、嘶、呼、嗖

驚歎詞

有些短促的情緒驚歎詞，很適合做為戲劇化效果，後面會再提到。

正面驚歎詞

- **舒解**：吁、呼、噢

- **成就**：嘿、耶、萬歲

- **印象深刻**：啊啊、好喲、哇嗚

- **驚訝**：天啊、哦唷、媽呀

- **敬畏**：哇、喔、嘖嘖

負面感歎詞

- **失望**：噢、嗚呼、哎呀

- **不滿**：哼、呸、噁心

- **挫折**：唉、見鬼、糟了

- **嘲笑**：啐、哈哈、嘟嘟

技巧式提問

問問題是一種巧妙的說服形式，引導觀眾思考，你要傳達什麼看法。我研究成功的演講時，曾經把賈伯斯的每一場公開演講，都謄寫為文字稿。他經常提出技巧式問題，以吸引觀眾的注意力。

案例1賈伯斯

「各位都知道，iMac 從 8 月 15 日起出貨，那到年底，我們總共出了多少台 iMac ？ ＜技巧式問題＞這是一個很厲害的數字＜情緒性字眼＞我們出了 80 萬台。4.5 個月 80 萬台 iMac。算一算，那等於，世界上的某個地方，每 1 週每 1 天每 1 小時每 1 分的每 15 秒，就有一台。在那麼短的時間內，就賣出一台 iMac。

＜可聯想時間＞我們為此感到振奮。＜情緒性字眼＞這使 iMac 成為美國銷量第一的電腦機型，我們非常高興。＜情緒性字眼＞

案例2 樂團U2主唱波諾（Bono）

據《洛杉磯時報》（*LA Times*）報導，在 2013 年的 TED 演講中，波諾講述數據統計出的數字，顯示對抗赤貧的進展。第一個數字顯示，5 歲以下兒童的夭折率大降，每日有多 7,256 個兒童活下來。（影片約 3 分 50 秒處）

「各位有沒有讀到過，那麼遙遠卻那麼重要的數字？＜技巧式問題＞好像沒有人知道這些，那讓我快瘋了。＜情緒性字眼＞」

之後，他繼續傳達最新貧富數據，說道生活在「有如精神虐待的貧窮中」的人，占比已經由 1990 年的 43％，降至 2010 的 21％。他大聲歡呼……。

「假如這個趨勢繼續下去，請看到 2030 年時，每天靠 1.25 美元維生的人，占比會是多少？這不可能是真的，可能嗎？＜技巧式問題＞要是這個方向持續不變，我們會來到，哇＜驚歎詞＞零。」（影片約 4 分 50 秒處）

（波諾演講連結）

「我們不曾直接接觸過的，
非常非常小的東西，
它們的行為不像波浪，
不像分子，不像雲彩，
不像撞球或彈簧秤的重量，
也不像任何你看過的東西。」

──理查‧費曼（Richard P. Feynman），物理學家

第10章

人性化數據

數據的英雄和敵人

有些數據與人無關，不過大多數都有關。如果沒有人計算，大部分組織的數據不會存在。我們買賣商品、點擊連結、攜戴裝置、接受醫學檢驗、出售住宅等等，幾乎所有圖表裡的數據，都反映著生活經驗。

　　善解人意去了解，為你產生行為數據的人，有助於你更容易與他們溝通。請把他們想成數據故事裡的角色。他們可以協助你達成組織目標，也可以對你達不成目標有所貢獻。所以說，他們不是你的數據英雄，就是敵人。

正派與反派角色大對決

英雄

敵人

**對推動數據朝理想方向前進，
扮演某種角色。**

故事中的英雄，通常有要達成的
目標或期望。了解那些目標和期望，
可以讓你助英雄一臂之力。

英雄可能是顧客、用戶、員工、
合夥人、捐助者、選民、病人。

**妨礙達成目標，或製造必須由
英雄解決的問題。**

敵人阻撓英雄，或是有對立的目標，
英雄必須阻止他。
敵人製造妨礙目標實現的路障。

敵人可能是競爭對手、媒體、激進分
子、投資人、某種心態。

使數字上升的英雄		使數字降低的敵人
高績效員工	＞	無效率的程序或官僚作風
慷慨捐助非營利組織者	＞	稅法修改
最早採用新產品者	＞	居心不良的影響者或記者
銷售超出分派到的配額	＞	出現聰明的競爭對手
網站使用者	＞	用戶經驗出差錯

認識數據的敵人

從了解英雄正經歷哪一種衝突,你可以分辨出誰是敵人。以下是神話、故事和電影中,常見的經典衝突種類,這些可以幫助你了解英雄。

數據中的 5 種故事衝突

衝突種類	著名電影	定義
英雄 對抗自我	洛基(*Rocky*)、刺激 1995 (*The Shawshank Redemption*)	衝突來自主角本身的缺陷、猜疑或偏見
英雄 對抗個人	蝙蝠俠、達文西密碼 (*The Da Vinci Code*)	與另一角色有衝突
英雄 對抗社會	饑餓遊戲、永不妥協 (*Erin Brokovich*)	衝突起於某社會群體的信仰和行動,違背個人價值觀
英雄 對抗科技	駭客任務、華爾街 (*Wall Street*)	與科技或體系的衝突變成負面影響力
英雄 對抗自然	大白鯊(*Jaws*)、 龍捲風(*Twister*)	衝突來自與自然有關的問題

數據中的英雄，可能與製造路障的個人、團體、思想或體系起衝突。路障有各種形式，像是恐懼、官僚作風、科技、偏見、甚至癌細胞。

你的溝通方式可以激勵英雄，擊敗使數據朝不理想方向走的敵人。

敵人

英雄對抗恐懼、不道德（貪婪、驕傲）、價值觀、自我形象、心態、偏見、自我管理等等。

英雄對抗員工、顧客、用戶、投資人、主管當局、權威人物、分析師、激進分子、政治人物、犯人等等。

英雄對抗體制、競爭對手、市場、團隊、股東、新聞、傳統、法規、文化模式、管理階層等等。

英雄對抗科技、體系、程序、電腦病毒等等。

英雄對抗疾病、天災、不潔淨的飲用水等等。

處理數據中的衝突

數據不只是一堆數字。每一個數據點都能夠提供，人和人之間衝突的見解。有時敵人不是那麼明顯，且看上一節的5種衝突種類，可以怎麼協助你了解數據英雄的想法。

　　請看下方這張圖表，設備升級停滯了。原因是什麼？圖中的顧客是走向某個方向的英雄，有些敵對勢力則阻止升級與成長。你與顧客談過以後，對他們面對的衝突種類有所見解。再與他們溝通時，你應該找出衝突的解決方案，好讓他們有勇氣克服衝突。在右頁的場景裡，衝突種類已經找出，那會決定你如何與顧客溝通。

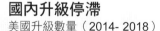

國內升級停滯
美國升級數量（2014- 2018）

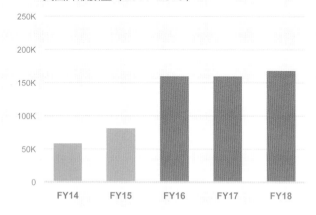

場景1：顧客不升級

你的英雄大多是顧客，在本例中，你想達成的目標，是顧客願意升級。姑且稱此顧客為「法蘭」，找出法蘭的敵人，以了解她面臨的問題性質，並找出方法，鼓勵她去克服這些障礙。

英雄	敵人	衝突類型
法蘭考慮要 升級電話系統	她的電信公司沒有提供她想要的電話方案。	法蘭對公司
	預約手續不方便。	法蘭對科技
	她不確定現在該不該升級。	法蘭對自己

法蘭正在決定該不該升級她的電話系統。她必須克服三種衝突來源，才能大步向前。每種衝突須要不同的解決辦法。因此要鼓舞她，就必須多管齊下。

場景2：銷售下降

數據的敵人往往出現在，公司產品、服務或製程的某一方面。我們都有過在某個時候，覺得團隊總是在對抗組織的經驗。以下是當你發現銷售下降時，可能發生的情況。

英雄	敵人	衝突類型
業務團隊比 過去任何 一年都努力	上級主管對這種努力不領情。	團隊對公司
	有 38% 的交易因新訂價模式而流失。	團隊對體系
	新業務主管在員工脈動調查（pulse survey） 中得分低。	團隊對個人

通常要解釋銷售為何下降，應該檢討行銷業務與模式。在上面的例子中，數據的敵人卻是業務部門的管理方式。

　　為解決衝突，也許只需稍做調整，也可能須要全公司上下費心改革。辨別衝突的種類，可以使你更清楚看出，若要讓英雄暢行無阻，組織必須去除什麼路障。

與角色對話

數據告訴你，過去發生了什麼，可是不見得會告訴你原因，除非你與產生數據的英雄，或是不利於數據的敵人對話。

你可能發現，顧客在線上購物流程中，總是停在購物車階段，但是理由呢？用戶來來去去，為什麼？獲利減少，為什麼？員工保留率上升，為什麼？客戶不回頭，為什麼？

下圖顯示了銷售正在下滑，除非弄清楚，遇上什麼障礙造成銷售下降，否則無法改善。你或許把焦點放在商品宣傳或是訂價上，可是問題如果出在業務經理身上，那該如何？也許他很擅長巴結你，卻犧牲了業務團隊的生機。

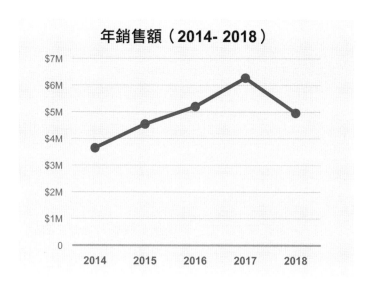

為協助英雄排除障礙，直接從源頭去找解決方案！看評論、做調查、請顧問，總之先找出英雄的障礙。也要善用所有能蒐集到的用戶或顧客意見，讀上幾百則客戶回饋，好確實了解他們的感受。有時，這方法可以在問題尚未惡化前，就找出癥結所在。即使只是一則偶然讀到的評語，也可能顯現問題或機會的早期徵兆。

若要真正了解英雄、查出他們的難題，最好的辦法就是跟其中一些人談談。為了確切感受他們的需求、願望和問題，老式的雙向對話最為可貴。從數據英雄中隨機抽出樣本，與他們聊聊，詢問他們有什麼顧慮、意見和動機。這種談話可以透露出，由量化數據顯現不出來的敵人。

仔細聆聽，提出開放式問題，以免侷限對方的發言。與其問：「是不是因為價格，使你不想購買？」不如問：「能不能講講，什麼因素使你不想購買？」也可以反客為主，由他們來問你問題。

人們會對真心關注自己的人，敞開心胸，知無不言。這個方法很厲害，也許發掘出你從來沒想到的東西。深入了解數據的英雄和敵人後，你可以更有同理心地傳達建議，並使你的建議與他們更加相關。

正因有強大的數據技術工具，使我們易於忽略一項事實，就是數據反映的是，每一個人的願望、追求和問題。唯有了解數據講述的人性故事，你才能編寫自己的故事，激勵你的英雄，獲得如願的結果。

分享文字脈絡，為數據增添意義

為抽象的數據附加意義，可以創建生活場景，形成一個迷你故事。這些故事和景象不容易忘記，至少好的那些我們會記得。

當我們為數據添加意義，等於賦予數據令人難忘的生命。

我們舉辦的數據故事工作坊，開始上課前，主持人都會請一半的學員，說一個對自己很重要的數字。答案像是：7、22、57、92、1959等等。另一半學員除了說出數字，還要說明為什麼這個數字對很他重要。答案像是：「3，因為我家有3個人生日在同一天。」

「48是我每週的平均工時。」「7萬2,000美元是我的負債。」「9歲是我想像自己是魔法公主的年齡。」等到課程結束時，我們問全班學員，他們記得哪些數字，大家幾乎都記得每個擁有個人意義的數字。只有很小一部分人記得純數字。

脈絡創造意義

右圖是年輕男性住在家裡的數據變化，依照年輕男性的生活狀況，區分趨勢發展為正面或負面。

媒體報導這種趨勢時，採取負面角度，認為這種生活型態代表年輕男性不成熟。可是換個角度想，正常大小的公寓租金逐年上漲，父母親會想要孩子將

全部的薪水都拿去繳房租嗎？

　　與父母同住忽然成為省錢的良策，也許可以留下更多錢還學貸。也可能有些年輕男性致力於創業，想把每一分收入都投入新創公司。了解數據英雄的生活背景，對了解他們面對的衝突類型，關係重大。

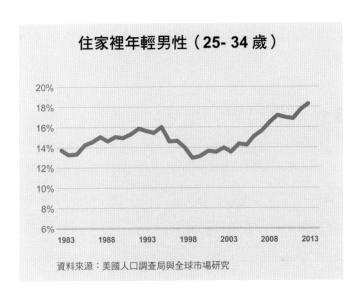

住家裡年輕男性（25-34歲）

資料來源：美國人口調查局與全球市場研究

數據拯救生命──
個案研究：蘿莎琳‧皮卡德博士

皮卡德博士（Dr.RosalindPicard）曾在TED演講中談到，由智慧手錶蒐集到的數據，可以預測某人何時可能突發心臟病。你或許會驚訝，這個故事的主人公是誰。

皮卡德除了是麻省理工學院（MIT）媒體藝術暨科學教授，也是該校媒體實驗室（MIT Media Lab）情感計算研究組（Affective Computing Research Group）創辦人，以及Affectiva和Empatica等新創公司的共同創辦人。

皮卡德曾參與開發最先進的智慧手錶，可以在癲癇症未發作前，偵測出癲癇的副作用，及時警示附近的親友馳援。

她曾在TEDxBeaconStreet發表「偵測發病的AI智慧手錶」演說，收錄於TED.com。

（TED 影片連結）

「這是亨利，一個可愛的小男孩，3歲時他媽媽發現，有時亨利有發熱現象。這是種發燒症狀。醫生說：『別太擔心。通常小孩長大就會改善。』4歲時，他發作抽搐，是失去意識和發抖那種「強直陣攣性」發作。有一天早上，亨利的媽媽叫他起床，進到房間，卻發現亨利冰冷、無生命跡象的身體，信箱裡則有一封診斷為癲癇症的郵件。亨利死於癲癇症突發意外死亡（Sudden Unexpected Death in Epilepsy，SUDEP，俗稱癲癇猝死症）。

不知道各位有多少人聽過癲癇症突發意外死亡。＜很少人舉手＞現場觀眾的教育程度很高，我卻只看到幾個人舉手。癲癇症突發意外死亡是指沒有其他疾病的人，突然死於癲癇症，在解剖時也找不出死因。**每7到9分鐘就有一例SUDEP發生。等於平均每段TED演講就有兩例。**

突發 Sudden
意外 Unexpected
死亡 Death in
癲癇症 EPILEPSY

為數字之大而驚歎
皮卡德用熟悉的時間（一段TED演講的長度），來幫助觀眾了解死亡人數之多。

比較數量
有多少人知道癲癇症突發意外死亡，或是嬰兒猝死症，她請觀眾舉手，讓大家可以實際比較數量。

美國每年的癲癇症突發意外死亡，比嬰兒猝死症還要多。各位有多少人聽過嬰兒猝死症？幾乎每個人都舉手。

所以究竟怎麼回事？為什麼這種死亡更常見，人們卻沒聽說過？我們可以怎麼做來預防它？

儘管各位多半從未聽過癲癇症突發意外死亡，可是它卻是多年來，所有神經性疾病可能致死的第2大病因。

縱軸是死亡人數乘以所剩餘命，所以直條越高越不好。好在癲癇症突發意外死亡不像其他病症，是在場各位可以出力、減少發病的。

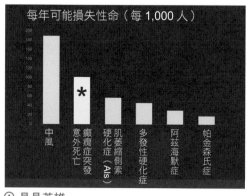

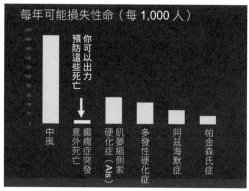

⊙ 見見英雄
各位或許以為，這個故事的英雄是抵抗疾病的孩子亨利，他確實了不起。但是皮卡德以觀眾為她故事中的英雄，因為他們可以幫忙，阻止將來再有人因此喪命。

◉ 這個防汗帶裡面，有一個家庭自製傳導感應器

⊙ **用數據說故事**
皮卡德開始講述數據敵人的故事

在12月學期結束時，某天有個大學部學生來敲門，他說：『皮卡德教授，可不可以跟你借一個防汗帶感應器？我弟弟有自閉症，他不會說話，我想要知道，什麼讓他焦慮。』

我說：「沒問題，你不要只拿一個，拿兩個好了」，因為當時那種裝置很容易壞。後來我回到學校，看著筆電上的數據，第一天我心想：「嗯，真奇怪，他兩個手腕都戴上感應器，不是等一個壞了再換。無所謂，不用照我的指示做。我很高興，他沒聽我的話。

過了幾天，有一手的訊號平平，另一手卻是我看過反應最強烈的訊號。我心想：「怎麼回事？麻省理工研究中，我們給受試者施加各種想像得到的壓力，可是我從未看過這麼強的訊號。」而且只有一邊是這樣。怎麼可能只給身體的一邊施壓，而另一邊卻不施壓？所以我想，一定是有一個感應器壞掉了。我開始嘗試各種方法，去除故障。長話短說，我無法說明這種情況。

所以我改用老式的除錯法。我打給那位放假在家的學生。『嗨，你弟弟情況怎麼樣？你聖誕節過的好嗎？你知不知道弟弟究竟發生了什麼？』

⊙ **取得人性化數據**
直接詢問使數字向上跑或向下走的人

我指出有特別訊號的日期和時間，還有相關數據。他說：『我不知道，我查查日記。』日記？麻省理工的學生還寫日記？所以我等了一下，他確認日期和時間都沒有錯後，回覆我說：『那就在他某次大發作之前。』

當時我對癲癇症毫無所知，所以做了一些研究。我想起另一位學生的父親，是波士頓兒童醫院（Children's Hospital Boston）的神經外科主任，我鼓起勇氣，打給喬·麥森（Joe Madsen）醫生。

『嗨，麥森醫生，有沒有可能，某些人在癲癇發作前20分鐘，會出現交感神經系統大興奮（導致皮膚傳導）？』

他説：『恐怕不會。』他説：『這很有趣。我們看過有人在發作前20分鐘，有一隻手臂的毛會豎起來。』

我驚呼：『一隻手臂？』起先我不想告訴他，我測得的結果，因為我覺得那太荒唐。

但我還是拿數據給看他，一起研發了更多裝置，並且獲得安全認證。後來有90個家庭參與研究，每家的孩子都受到全天候24小時的監看。

不過這段期間，我們也學到了，有關癲癇症突發意外死亡的其他事。其中之一是，死亡不會發生在癲癇發作期間，通常也不會是剛發作完時，而是當發病者看似已經平穩安靜，卻可能進入另一狀態，先是呼吸中止，呼吸中止後，過一會兒心跳也會停止。

下面這張投影片，曾使我的皮膚傳導上升。**某天早晨查看電郵時，我讀到一位母親的經歷。她說她正在沖澡時，手機放在淋浴間旁的檯子上，上面顯示她女兒可能須要幫忙。於是她馬上停止淋浴，跑到女兒臥房，發現女兒躺在床上，面朝下，臉色發青，沒有了呼吸。她把女兒翻過來，藉人力刺激，女兒開始呼吸，再呼吸，臉色轉回紅潤，恢復正常。**

我想，讀到這則電郵時，我應該臉色發白。我的第一反應是：「噢，不，那裝置並不完美。藍芽可能故障，電池可能沒電。這些都可能出狀況。別仰賴裝置。」

她説：『沒關係。我知道科技並非完美。沒有人能夠隨時在她身旁。可是這個裝置，加上AI，可以使我及時趕到，救我女兒一命。』

為什麼要花那麼大的工夫建立AI？有兩個原因：一是娜塔莎（Natasha），活下來的那個女孩，她的家人要我公開她的名字。

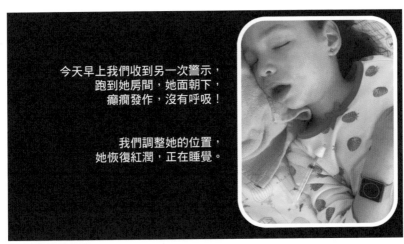

今天早上我們收到另一次警示，
跑到她房間，她面朝下，
癲癇發作，沒有呼吸！

我們調整她的位置，
她恢復紅潤，正在睡覺。

◉ **用數據說故事**
講述數據如何協助人們改變結果的故事

　　還有她的家人和外面那些好心腸的人，他們想要支持曾有特殊情況、卻寧願不向外人提起的人。另一個原因是在座各位，因為我們有機會塑造AI的未來。我們真的可以改變AI，因為我們是建立AI的人。

　　所以讓我們打造，能夠使人活得更好的AI。」

⊙ 見見英雄
說明當數據警示娜塔莎的母親，女兒須要刺激，就可能恢復
呼吸。皮卡德希望各位知道，你也能拯救生命。癲癇症突發
意外死亡是敵人，而你可以成為做英雄。

「人要是無法進步，
我們不可能期待建立
更美好的世界。
因此人人都必須為改進
自己而努力，同時也要負起
對全人類共同的責任，
我們特有的義務就是，
去協助那些我們自認
最能發揮功用的人。」

——居里夫人（Marie Curie），物理學家、化學家、諾貝爾獎得主

第11章

用數據說故事

利用懸疑呈現數據

一旦判定須要採取什麼行動，或許組織會要求你去影響別人，讓他們相信此事可以辦得到，並激勵他們付諸實行。

無論是同部門的同事、高階主管團隊、或是更廣泛的觀眾，所有的建議都須要有一群人去執行。假定你須要影響某個部門、顧客、股東或全公司，你可能被要求做一次正式報告。

站上講台上時，你可以運用電影式設計和說故事技巧，使報告生動活潑，藉戲劇化的方式展現見解。製造一些懸疑，講個含有神秘元素又引人入勝的故事，讓你的數據故事活靈活現。先策略性地保留報告的關鍵部分，可以在後面大揭秘時，帶給觀眾令人振奮的驚奇。

假設團隊努力有成，你正要報告努力的成果，你可以一次只顯示圖表中的一條直條，保留其他部分。要是團隊也不清楚最後結果，你的編排方式可以改成，先說原本情況多麼糟糕，而他們又是多麼努力工作，然後當觀眾看到最後確切的結果時，一定會欣喜不已。

希區考克解釋驚訝和懸疑的差別

「『懸疑』和『驚訝』有明顯的差別，可是很多片子不斷混淆這二者。我來解釋我的看法。我們現在隨意閒聊。假定我們中間這張桌子底下有個炸彈。表面上平靜無事，突然間『轟！』發生爆炸。觀眾嚇了一跳，可是在驚嚇之前，完全

是平凡如常的景象，不預期會有什麼特別後果。

再來是懸疑的情況。桌子底下有炸彈，觀眾知道，很可能是因為他們看到，是無政府主義者放置的。觀眾知道炸彈會在1點鐘爆炸。房間裡有時鐘。觀眾可以看到現在是12點45分了。在這些情況下，同樣是隨意閒聊的場景卻變得很吸引人，因為觀眾已經投入其中。

觀眾很想警告銀幕上的角色：『不要再講雞毛蒜皮的事了。你們桌子下面有個炸彈，就快要爆炸了！』

在前面那個情況，爆炸時給觀眾15秒的驚訝。後面的情況是，給觀眾15分鐘的懸疑。結論是，只要辦得到，一定要先讓觀眾知道某些設定。不過當驚訝是用來反轉劇情，也就是意外結尾本身，正是整個故事的亮點，則屬於例外。

——艾弗瑞・希區考克（Alfred Hitchcock），
導演、懸疑電影大師

揭露隱藏的數據	用數據說故事
發生出乎意料的事時，我們會有驚訝感。	當故事結局不明，期待感逐漸升高，就產生懸疑。
• 替數據增添脈絡 • 凸顯或隱藏數據	• 數據以壞結局收場 • 數據以好結局收場

揭露隱藏的數據

你很可能曾被某個故事嚇到，當劇中人遭遇意外，你感同身受，也大吃一驚，或嚇得發抖。逐漸揭露的數據，也會誘發觀眾類似的反應。

負面意外可能引發震驚，正面意外可能帶來驚嘆或喝采。

2種令觀眾吃驚的手法

觀眾喜歡令人愉快的意外，也可能被負面的意外激怒。這聽起來好像很糟，但是憤怒可以激起行動，威力極大，尤其當人們有信心，自己擁有促成改變的力量。

- **替數據增添脈絡**：報告額外的資訊，賦予數據截然不同的意義。
- **凸顯或隱藏數據**：圖表中或軸線上，先隱藏再揭露意外結果的部分。

為數據增添脈絡

當觀眾看到下面的圖表，他們的結論會是：美國須要 AI 技能的工作機成長很快。

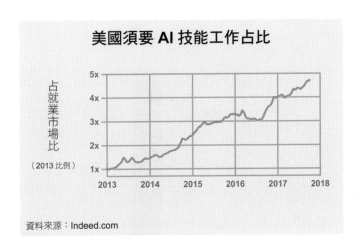

下圖加入別國的數據為脈絡，繼前面的圖表之後再揭露這一張，可以顯示美國的成長相對很小。

⊙ 請注意 Y 軸的規模，必須調整將近 3 倍，才能容納新數據。

凸顯或隱藏數據

我們為何負債那麼多？
當前美國人平均支出

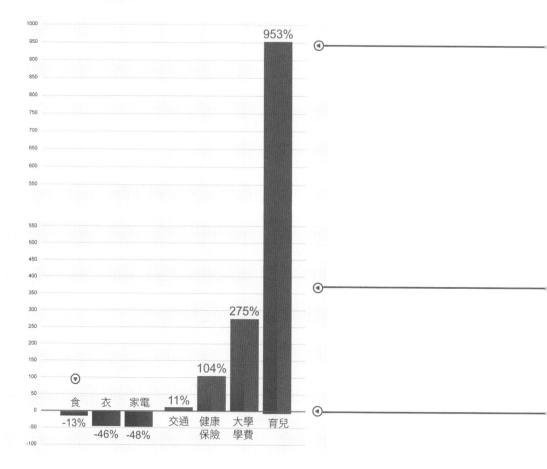

左圖是兩張投影片。下面那張只顯現部分的Y軸。簡報時先放出下圖，然後利用PowerPoint的推入切換功能，藍色直條越來越高。這時開始唸，下面標示①的腳本，再隨著圖表漸漸顯現，向上唸出腳本②和③。

③ **這張投影片似乎會長大，露出更多軸線，超出投影片的高度**
「哇，請看。＜**觀眾驚呼**＞難怪美國家庭會耗盡儲蓄，開始欠債。」

② **點擊後藍色直條出現**
「天啊，美國家庭被大筆花費擊倒。那些大筆固定開支真是驚人。目前一般家庭用在房貸上的錢增加了 57％，這些數字都經過通膨調整，健保支出增加 104％。大學學費，即使是州立大學，也高得不像話。現在大學生要付的學雜費，比 1970 年代高出將近 3 倍。＜**育兒這直條開始升高**＞隨著有年幼子女的父母，加入勞動市場，工時又很長，育兒的費用已高到足以動搖家庭。來看看情況如何？」

① **只顯現紅色直條**
「人們以為，美國的債務問題來自浪費性支付。這並非事實。其實過去 30 年來，美國家庭減少了很多開支。經過通膨調整，一般家庭在食的方面，包括外出用餐，花費是減少的；在衣著、家具、家電方面，也比前一個世代少。這些數字十分精確，這批數據在在顯示，大多數美國家庭現在都是精打細算……。」

揭露隱藏的數據——
個案研究：艾爾·高爾

誰想得到，充滿數據的一套投影片拍成的電影，會贏得奧斯卡獎？在紀錄片《不願面對的真相》（*AnInconvenient Truth*）中，監製們以前所未有的方式揭露數據。前美國副總統艾爾·高爾（AI Core），在南加州一個小片場，為此片發聲。監製特別為本片訂做90呎寬的數位銀幕。高爾則以驚人的展示法，讓觀眾目瞪口呆。

　　主銀幕太大，使高爾不得不站上剪刀式升降機，才能指著一條不斷上升的紅線，那是顯示未來大氣中的二氧化碳含量，預測會不斷增加。紅條線越升越高，當觀眾看到出現一個黃點，紅線就此停止上升。畢竟銀幕只有那麼高。觀眾不知情的是，拍攝團隊在90呎銀幕上端，還加了一個秘密銀幕，藏在舞台帷幕後面。當高爾在堆高機上繼續上升，多加的銀幕逐漸現身，代表二氧化碳一直到2056年，有增無減，令人震撼，觀眾倒抽一口氣。

　　我們稱此為「S.T.A.R.時刻」，就是令人永遠記得的時刻（Something They'll Always Remember）。S.T.A.R.時刻無法造作出來，也不能用些夏令營耍嘴皮那一套複製。這種關鍵時刻，必須與整個報告的調性一致。你的目的是，用驚人數據所代表的重大意義，引起觀眾注意，而不是讓戲劇化手法喧賓奪主。

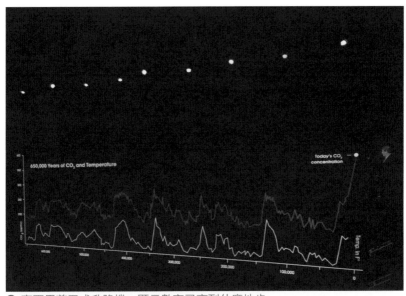

⊙ 高爾用剪刀式升降機，顯示數字已高到什麼地步。

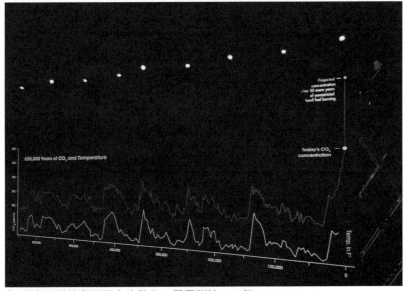

⊙ 當高爾繼續爬到更高的數字，觀眾倒抽一口氣。

用情緒轉折說故事——
個案研究：寇特・馮內果

美國小說家寇特・馮內果（Kurt Vonnegut）最有名的作品是《第五號屠宰場》（*Slaughterhouse-Five*，1969）。在右邊的演講謄錄稿裡，他質疑電腦為什麼處理不了簡單的故事形態。附圖是他演講時在黑板上畫的。

「簡單的故事形態，沒有理由無法輸入電腦裡。這些故事的形狀都很美。縱軸是好壞軸，代表好運、壞運。病痛和貧窮在縱軸下方，財富和身強體健在縱軸上方。再來，橫軸是始終軸。起點代表故事起點，終點代表故事結局。這是一種相對關係，重點在於轉折呈什麼圖形，不在於起始點在哪裡。

從運氣略高於一般開始，我們稱這種故事為『掉到洞裡的男人』，不見得一定是有人掉到洞裡。只是這樣比較好記。有人遇到麻煩，又順利擺脫。這一故事形態，人們都愛聽，百聽不厭。

掉到洞裡的男人

當觀眾看到下面的圖表，他們的結論會是：美國須要 AI 技能的工作機成長很快。

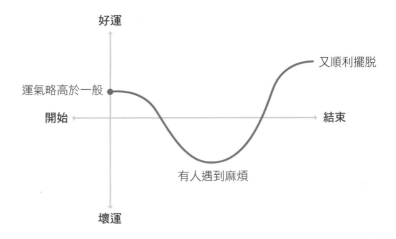

當男孩遇上女孩

另一種故事稱為『當男孩遇上女孩』。從運氣一般的一天開始。主人公很平凡，也不預期會發生什麼事。就像任何平常日子，卻從中發現很棒的事，很快樂。噢，可惡！又回到正常。人們愛聽這種故事。

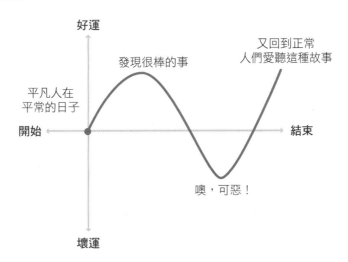

現在電腦都可以下棋了，所以為什麼電腦無法消化故事情節，我現在要替各位畫的出困難的故事轉折。這些故事，剛好是西方文明最流行的故事形態。每當有人講這種故事，最起碼賺可以進上百萬美元。

　　我說過，人們不喜歡運氣差的日子和人物，但是我們就要從壞運氣開始。誰運氣那麼壞？一個小女孩。發生了什麼事？她母親過世了，父親又再娶一個脾氣粗鄙的醜女人，還帶著兩個惡毒的女兒。總之，某天晚上皇宮裡還有舞會，但是她不能去。她要服侍其他家人梳妝打扮。那她會淪落至更悲慘的局面嗎？不會。她是個堅強的小女孩，她已經承受過最壞的命運，就是失去母親。她的際遇不可能再壞了。

　　好，後來仙女教母出現，給她鞋子、長襪、面具、交通工具。她去參加舞會，與王子共舞，度過美好時光。

　　咈、咈、咈，我畫的這條線有點斜，因為老爺鐘敲12響須要大概20、30秒。她最後是否又回到厄運？當然不會。她會一輩子記得那支舞。現在她在這個層次起伏，直到王子出現，鞋子合腳，她達到滿益的幸福。」

　　馮內果為灰姑娘畫下的故事形態，很接近約瑟夫‧坎伯（Joseph Campbell）《英雄之旅》（*The Hero's Journey*）的結構。坎伯在研究中發現，東西方文化裡的宗教和文化故事，有極為重要的共同結構。鬥爭越困難，英雄就越努力，得到的勝利也越輝煌。以這種形式講述的故事觸及文化核心，可謂絕無僅有。西方文化傾向於結局圓滿的故事。大部分票房大賣的電影，都符合這個模式，因為英雄受多少苦，就一定會獲得多少回報。

灰姑娘

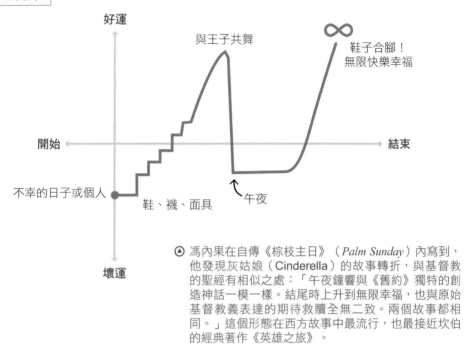

好運

與王子共舞

∞

鞋子合腳！
無限快樂幸福

開始 ←————————————————————→ 結束

不幸的日子或個人 ●

鞋、襪、面具

午夜

壞運

🔺 馮內果在自傳《棕枝主日》（*Palm Sunday*）內寫到，
他發現灰姑娘（Cinderella）的故事轉折，與基督教
的聖經有相似之處：「午夜鐘響與《舊約》獨特的創
造神話一模一樣。結尾時上升到無限幸福，也與原始
基督教義表達的期待救贖全無二致。兩個故事都相
同。」這個形態在西方故事中最流行，也最接近坎伯
的經典著作《英雄之旅》。

故事的情緒轉折獲得數據確認

馮內果希望電腦處理故事形態的心願，在2016年實現，當時佛蒙特大學（University of Vermont）電腦故事實驗室（Computational Story Lab），有一群數據學家，公布了令人眼睛一亮的研究專案。他們用電腦分析了取自「古騰堡專案」（Gutenberg Project），1,327件數位化小說作品。

研究人員採用情感分析，就是追蹤文本中，正負情緒的起伏，從而發掘故事的情緒轉折。然後根據不同情緒轉折，分類故事，結局則有好有壞。這項分析共得出六種主要情緒轉折，分別列舉於第205、206頁。第一組三種（右頁）是幸運收場，第206頁是不幸收場。

這個團隊最先取得實證證據，證明各種故事多麼符合，馮內果扼要畫出的軸線圖。以下兩頁的圖表，如果改成下面直條圖的商業結果，你一定認得出來，因為工作時間久了，很多組織好運厄運都會經歷。這些直條圖與六種故事轉折模式相符合。

如果你的圖表最後是好結果，你可以一次只顯示一條直條（或部分折線）與一個數字。再逐步揭露其他數字，直到最後一筆數據出現前，觀眾都不知道結局如何。這可以為觀眾製造出懸疑感，到最終確定獲得圓滿的解決。

結局正面的數據

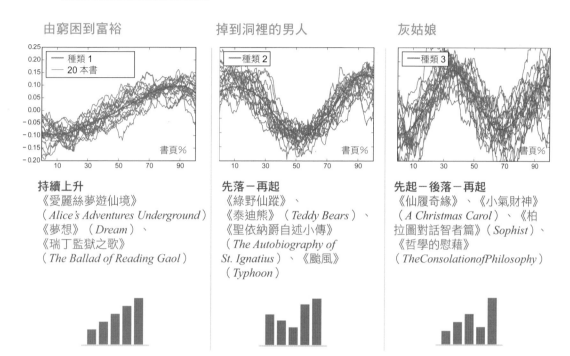

由窮困到富裕

持續上升
《愛麗絲夢遊仙境》
（*Alice's Adventures Underground*）
《夢想》（*Dream*）、
《瑞丁監獄之歌》
（*The Ballad of Reading Gaol*）

掉到洞裡的男人

先落－再起
《綠野仙蹤》、
《泰迪熊》（*Teddy Bears*）、
《聖依納爵自述小傳》
（*The Autobiography of St. Ignatius*）、《颱風》
（*Typhoon*）

灰姑娘

先起－後落－再起
《仙履奇緣》、《小氣財神》
（*A Christmas Carol*）、《柏
拉圖對話智者篇》（*Sophist*）、
《哲學的慰藉》
（*TheConsolationofPhilosophy*）

　　請注意，上面這三幅好結局的圖表。慢慢一條一條地展現，可以製造結果可能不好的懸疑，當最後得到正面解決時，可以讓觀眾歡欣鼓舞。

悲劇

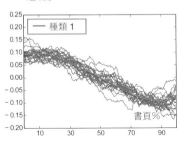

伊卡洛斯

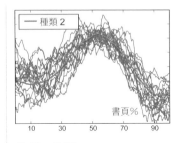

伊底帕斯

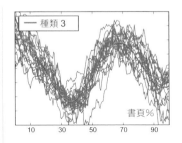

持續下降
《羅密歐與茱麗葉》（*Romeoand Juliet*）、《吸血鬼之屋》（*The House of the Vampire*）、邱吉爾著小說《薩夫洛拉》（*Savrola*）、美國鄉村歌曲《舞蹈》（*The Dance*）

先起－後落
希臘神話《伊卡洛斯》（*Icarus*）、《安徒生童話》（*Stories from Hans Christian Andersen*）、《羅馬快車》（*The Rome Express*）、《瑜伽經》（*The Yoga Sutras of Patanjall*）

先落－後起－再落
《伊底帕斯國王》（*OedipusRex*）、古羅馬哲學長詩《物性論》（*On the Nature of Things*）、《聖經故事書》（*The Wonder Book of Bible Stories*）、《時代英雄》（*A Hero of Our Time*）

上面三張圖表以不幸結尾。有時不幸是最後的結果，悲劇已鑄成。有時觀眾仍有時間改變行為，以重塑數據故事的結局。要是組織經歷過由好到壞的命運，這些圖或許看來非常熟悉。

在傳統文學裡，不幸結局的故事，通常有一個了不起或前途無量的主角，但是品格上有缺點。當危機考驗他的品格時，他屈服於這個缺點，以致象徵性或實質上死亡。凱撒的缺點是野心，羅密歐的缺點是衝動，伊卡洛斯和伊底帕斯都是驕傲。

如果是報告以不幸收尾的數據時，你一定得知道原因。也許是執行專案不當，但更可能是策略或管理上有缺失。查出原因，承認它，直接斷然地處理。

不幸結局

如果一切財務和人為努力，都無法反轉數據的結果，你也要說得很清楚，好讓觀眾能夠面對事已不可為。不幸的結尾會使觀眾覺得，努力卻敗北的人很可憐，或是感到害怕。觀眾由失敗者的錯誤中學習，從而完成淨化作用。

反轉命運

要是目前的數據顯示前景欠佳，不過觀眾仍有時間改變結果，那該怎麼做？幫他們認清自身的角色是英雄，助他們克服敵人，激勵他們自信認為自己可以辦到。

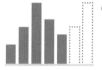

假設你們目前的績效，是循伊卡洛斯的先起－後落模式，可是仍有時間改變結果。

你的溝通方式就要讓障礙和敵人，看起來可以克服得了。

小秘訣 ▶ 動請至duarte.com/datastory，可以找到馮內果的演講，還有6個基本形態研究的相關連結，以及所有故事數據的互動式視覺化工具。

把壞結局反轉為灰姑娘轉折——
個案研究：內部全體會議

以下是某家中型企業的執行長，在內部全體會議上，發表的一系列投影片。

　　她重述過去幾年，員工曾經歷的困難旅程，最終透露，他們最後達成了英雄般的進步。

銷售紀錄（2013- 2018）單位：100 萬美

①　執行長說明，因為引進新的公司大腦（資訊管理〔MIS〕系統），有幾年大家都很辛苦。那段期間她認可營收持平，因為一面推動那麼大的變動，一面又要成長，會使員工承受不了。

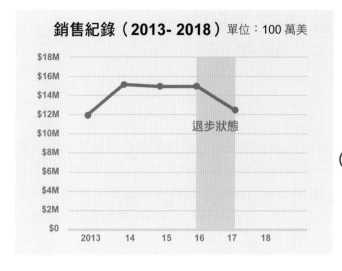

銷售紀錄（2013- 2018）單位：100 萬美

退步狀態

② 公司在 2016 年向下走入
她所謂的「退步狀態」。
更換公司大腦，造成員
工緊張，數據完整性面
臨很大壓力。公司正在
應對自我，生產力也低
落。

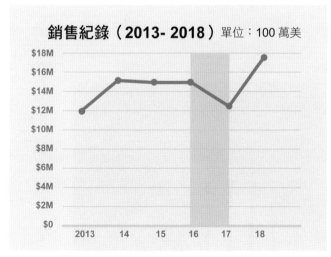

銷售紀錄（2013- 2018）單位：100 萬美

③ 整個團隊在 2017 年初，
回歸公司核心價值，並
為走出谷底，採取明確
措施。當她大大秀出，
最後閃亮的數字，員工
爆出歡呼。

慈善事業：用數據說水的故事——
個案研究：史考特・哈里遜

史考特・哈里遜（Scott Harrison）是非營利組織的執行長當中，令人羨慕的行動典範。他集結了一群特別的個人和組織，組成「水井會」（The Well），提供所有營運和經常開支。由於所有營運費用都由這個團體負擔，他必須向其他個別捐助者保證，他們的捐款100%會用於鑿井，提供潔淨的水。

他每年舉辦一次晚餐會，好讓水井會成員可以看到他們的影響。他在2018的演講中，很高明地把把觀眾與數據連結。

「各位當中有些人，從一開始就關注我們的發展。

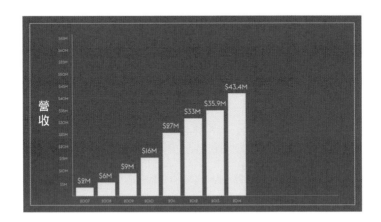

我們每年成長。在不景氣時也成長，當其他慈善機構萎縮時，仍然成長。

我們連續8年成長。這就是我們的作為：成長。後來到2015年，我們經歷了萎縮。那狀況糟透了。從此開始我心存危機。對我，對我的團隊都是如此。

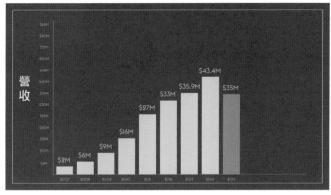

◉ 把數字人性化
哈里遜不斷把金額轉化為，有乾淨水可用的人數，藉以提醒觀眾捐款的理由。

這些數字不是我們口袋裡的錢。我們不會用它買汽車或房子。這是為了讓人們獲得乾淨的水。所以我們從第8年，讓100萬人得到乾淨的水，到次年只有82萬人獲益。

怎麼回事？由於市況因素，有兩筆大額捐款沒有再來。

我們發現須要解決這個問題，因為組織的重複捐款太少。於是我們想出泉水（The Spring）的構想，那是一種訂閱服務，類似Netflix、DropBox、Spotify推展業務的模式。

每月捐30美元，就能給一個人乾淨的水。我們強而有力的保證，就是他們的捐款，100%會直接用於須要乾淨水的人，以此號召大家每個月捐助乾淨水。

多虧我們做的二十分鐘影片，這個活動在世界各地成長得非常快，我想我們都很訝異。我們在那一年年底推出影片，2016年只看到些許成長。

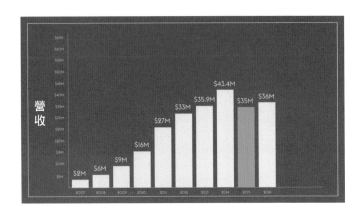

可是2017年成長了40％，也是我們第一年達到5,000萬美元，這顯示出訂閱計畫成長的好處。〈掌聲〉去年我們讓120萬人得到乾淨水。

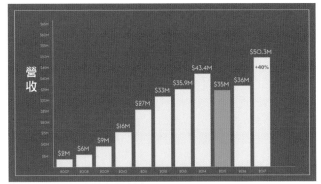

ⓐ **用數據說故事（灰姑娘）**
哈里遜一年一年地揭露圖表和說故事。如同馮內果的灰姑娘情緒轉折，觀眾無法確定，厄運會不會反轉。這是西方最流行的故事架構。

前面羅倫在簡報中提出的數字，只不過是一個月前的統計，但是現在已經舊了。今年我們朝7,000萬美元邁進。〈掌聲隆隆〉

▶ 因意外而驚訝
無論是不是有意的安排，哈里遜的觀眾在前面，已經看到比較低的數字，然後他又拿出比預期高很多的數字。觀眾先是很吃驚，繼而爆出熱烈掌聲。

暫時換個角度來看這種成長，跟我們類似的機構並沒有相同遭遇。其實我們聽到的是，『持平就是新成長』。去年捐款降低了6％。國際捐款淨負成長6％，我們卻成長40％。我們對12年來的成績備感興奮，訂閱制也發揮了效用。」

▶ 為數據增添脈絡
當其他非營利組織的績效，被拿出來做對照時，觀眾領悟到這是更大的勝利。

哈里遜接下來的演講中，運用更多方法，使觀眾與數據產生連結。

150 萬生命
每天 4000 多人

⊙ **為量大而驚歎**
為了讓觀眾理解，每天獲得乾淨水的人數，哈里遜讓觀眾與熟悉的東西相連結。
麥迪遜廣場花園一場音樂會，可以容納將近 2 萬人。

「這一直是我最喜歡的統計，就是我們每天提供乾淨水的人數。看著它年年上升很有意思。

今天有4,000個新人，首次得到乾淨的水。最近我到麥迪遜廣場花園（Madison Square Garden），去看滿座的流行尖端樂團（Depeche Mode）演唱會。我上網查那個場地可以容納多少人。我轉身對太太道：「我跟你說，我們每4天就能供給水給這麼多人！」

那才是我們的KPI。我們要讓那個數字上升，而且要升得快，這樣才能讓更多人脫離髒水，享用乾淨的水。我們要問：如果有更大企圖心，想要成長得更快，須要什麼條件？到2025年要再增加2,500萬人，該怎麼做？

那是好多好多人。是1,000個甲骨文體育館（Oracle Arena），是舊金山本地人口的28倍，紐約市人口的3倍。所以感覺起來，會產生更大影響。還是一樣，這關係到一個個的生命。

⊙ **為量大而驚歎**
哈里遜有很大的願景，要大幅增加有乾淨水可用的人數。他再度用滿座的可聯想空間，來傳達有多少人會得到乾淨的水。

各位會不斷聽到，我們一再提起服務的對象，像這個婦女亞貝哈（Aberhat）。她現年47歲，有4個孩子；她是妻子。她每一天都要走上4至6小時，去取你看過的那種最噁心的水。可是她別無選擇。她一出生就是在這種環境。但是我們知道怎麼去幫助她。」

⊕ 把數字人性化
觀眾看到亞貝哈的照片，她的人生已經因為乾淨水而改變。哈里遜在年度盛會第二天晚上，說出她的故事。水井會會員沉浸在 360 度的簡報中，聽聽她的人生有何變化。

「每天都有驚奇。
可是唯有我們懷抱期望，
當驚奇來臨時才看到，
聽到，或感受到。
不要害怕接受每天的驚奇，
無論它帶來的是悲傷，
還是喜悅。它會在我們
心中開啟新境地，
我們可以在那裡歡迎新朋友，
並且更充分地歡慶
共同的人性。」

——盧雲（Henri Nouwen），神父、作者、教授

結語

　　幾乎所有事物都能計算和測量。透過數據來尋寶，不管是發掘黃金般的機會、或是許多疾病的療法，都在在令人興奮。數據如何改變我們的生活，目前還在成形階段，此時此刻正須要溝通者大力相助。把數字轉換為故事，將成為每個領導人的任務之一。

　　我們依賴數據告訴我們，曾經發生了什麼，也依賴故事告訴我們，數據有什麼意義。故事提供數據架構，幫助我們更快做出決策，也能改變人心和想法，激勵他人採取行動。文字威力無限。如何巧妙運用，唯有透過練習。

　　祝福各位在事業旅途上，能夠精通數據學和溝通數據的藝術。

94.6%
Occupied

附錄

推動故事進展

最常見的連接詞是但是、並且、因此。以下列舉其他可用於結合三幕劇結構的（見80頁）的連接詞。

1 第一幕
有問題或機會……
鑽研數據的結果

 但是

對比問題／機會
反之 Alternatively
雖然 Although
只要 As long as
相反地 Conversely
儘管 Even though
例如 For instance
然而 However
相形之下 In contrast
與其 Instead of
不過 Nevertheless
另一方面 On the other hand
否則 Otherwise
證據顯示 The evidence suggests
不同於 Unlike
但是 Whereas

並且

延伸問題／機會
再者 Additionally
畢竟 After all
同時 Also
另一個原因是 Another reason is
總之 Anyway
以及 As well as
此外 Besides
更何況 Furthermore
除此之外 In addition
同樣地 Likewise
況且 Moreover
連同 Together with

2 第二幕
疑難雜症
須要改變的數據點

3 第三幕
建議如此解決……
數據觀點

因此

解釋
經過深思 After much thought
最後 Finally
例如 For instance
結論是 In conclusion
換句話說 In other words
最後我們決定 In the end, we decided
主因是 The main reason for
我們須要 We need to

用單頁建議樹加速決策

有時一個建議須要好幾頁的支持證據，有時單頁建議就已足夠。單頁建議可以在會議上傳閱、用電郵寄送、或與決策者討論時參照用。

策略性做法舉例

數位行銷人員從數據中發現，付款經驗不佳有損業績。

行銷經理的建議樹
行政摘要

（D）

	第一幕	第二幕	第三幕（數據觀點）
	儘管網站流量是預期流量的 2 倍，我們卻未達到第一年的營收目標。	74％的潛在顧客在購物車階段放棄購買。	改變購物車經驗和運費政策，可以增加 40％的銷售。
行動計畫			
內容	實施自由加入會員	設計「儲存購物車」功能	超過 50 美元的訂單免運費
理由	28％的用戶因為不想加入會員而放棄購物車。	37％的購物者只是瀏覽和比價。要讓他們易於完成購物。	56％的購物者因非預期的費用而離開。最常提到的是運費。
方法	• 擴大功能，納入「訪客」購物選項。	• 優先要求開發人員，建立「儲存購物車」功能。 • 以發送電郵提醒，友善利用訪客的興趣。	• 開始提供訂單 50 美元以上免運費，超過 50 美元利潤影響極小。 • 透過用電郵宣傳新運費模式，找回過去的買家。

策略性做法舉例

某 IT 主管由於團隊受老舊基本設備所累，擔心可能出現安全漏洞，以及維持現有系統的費用上漲，夜裡難眠。在第 146、147 頁有建議的完整視覺文件檔案。

IT 主管的建議樹
行政摘要

第一幕
公司老舊的技術系統十分複雜，彼此又不相容。在公司整體生態的分析中，很難用得上這些系統。況且舊系統也無法保護公司，不受安全威脅。

第二幕
維持過時的技術，還要保護不受安全威脅，使公司每年的經營成本，比大多數相同規模的公司要高。因為這些老舊系統難操作，導致 IT 部門的員工流動率也提高。

第三幕（數據觀點）
重新設計 IT 基礎架構，轉為以雲端為主的系統，可以保住團隊、數據和成本。

行動計畫			
內容	減少系統各不相連的複雜關係。	IT 工作以實施新系統為重心。	整合安全與雲端解決方案。
理由	維持多個技術系統，花費大又難處理。採取整合式雲端為主的方式，可以蒐集分析數據，提供關於各系統更好的洞見。	最高 IT 主管把大半時間，用於監督技術支援單位。他們有資格推動新系統實施計畫，也會為新挑戰全力以赴。	採取整合式安全解決方案，可以確保新技術系統，不受外界尖端先進的威脅。
方法	• 採取統一、雲端為基礎的系統方式。 • 轉移現有數據到新的統一系統內。 • 稽核可採用的軟體服務，必要時選擇加入訂閱。	• 找出最有才能的員工，負責本專案，以使顧問費降至最低。 • 把處理技術支援問題，轉給成本較低的第三方廠商。 • 要求新系統的IT訓練，以強化員工能力。	• 制訂數據治理協定；設計新安全政策，以減輕風險。 • 訂定意外因應計畫。

小秘訣 ▶ 請至 Duarte.com/datastory，免費下載單頁建議樹樣本。

資料來源

導言：故事與數字如何刺激大腦

1. Pamela Rutledge, "The Psychological Power of Storytelling," Psychology Today, January 16,2011.
2. Lauri Nnummenmaa, et al. "Emotional Speech Synchronizes Brains Across Listeners andEngages
   Large- Scale Dynamic Brain Networks," Neuroimage, November 15, 2014.
3. Jennifer Edson Escalas, "Imagine Yourself in the Product: Mental Stimulation, NarrativeTransportation, and Persuasion," Journal of Advertising (2004).
4. Paul Zak, "Empathy, Neurochemistry, and the Dramatic Arc," YouTube video, postedFebruary 19, 2013, https://www.youtube.com/watch?v=DHeqQAKHh3M.
5. Chip Heath, Dan Heath, "Made to Stick: Why Some Ideas Survive and Others Die" (NewYork: Random House, 2007, 2008).
6. "Writing Skills Matter, Even for Numbers- Crunching Big Data Jobs," Burning GlassTechnologies, September 11, 2017, https://www.burning- glass.com/blog/writing- skills- bigdata- jobs/.

第1章：成為數據溝通者

7. John Gantz, David Reinsel, John Rydning. "The Digitization of the World, From Edge toCore," Seagate/IDC, https://www.seagate.com/files/www- content/our-story/trends/files/idc- seagatedataage- whitepaper. pdf.
8. "What's Next for the Data Science and Analytics Job Market?" PwC, https://www.pwc.com/us/en/library/data- science- and- analytics.html.
9. Josh Bersin, "Catch the Wave: The 21st- century Career," Deloitte Review, July 13, 2017,https://www2.deloitte.com/insights/us/en/deloitte- review/issue- 21/changing- nature- ofcareers - in- 21st- century.html.
10. Marissa Mayer, "How to Make the Star Employees You Need," Masters of Scale, https://mastersofscale.com/marissa- mayer- how- to- make- the- star- employees-you- need- masters- ofsc ale- podcast/.

第2章：與決策者溝通

11. Sujan Patel, "Daily Routines of Fortune 500 Leaders (and What You Can Learn from Them),"Zirtual, August 18, 2016, https://blog.zirtual.com/how- fortune- 500-leaders- scheduletheir- days.

12. James Kosur, "17 Business Leaders on Integrating Work and Life," World Economic Forum, November 23, 2015, https://www.weforum.org/agenda/2015/11/17-business- leaders- onintegrating- work- and- life/.

13. Shellye Archambeau, "Phase 2," January 3, 2018, https://shellyearchambeau.com/blog/2018/1/1/phase- 2- 7n5gw.

14. Kathleen Elkins, "14 Time- management Tricks from Richard Branson and Other SuccessfulPeople," CNBC, February 17, 2017, https://www.cnbc.com/2017/02/17/time- managementtricks- from- richard- branson- other- successful- people.html.

第5章：用「主題型」架構創造行動

15. George Miller, "Observations on the Faltering Progression of Science," https://www.ncbi.nlm.nih.gov/pubmed/25751370.

16. "Assumptions for Statistical Tests," Real Statistics Using Excel, http://www.real-statistics.com/descriptive- statistics/assumptions- statistical- test/.

17. Claire Cain Miller, "The Number of Female Chief Executives Is Falling," The New York Times, May 23, 2018, https://www.nytimes.com/2018/05/23/upshot/why- the-number- of- femalechief- executives- is- falling.html.

第9章：正確說出數據規模

18. Tweet: https://twitter.com/neiltyson/status/995095196760092672.

19. Hillary Hoffower, Shayanne Gal, "We Did the Math to Calculate Exactly How MuchBillionaires and Celebrities Like Jeff Bezos and Kylie Jenner Make an Hour," Business Insider, August 26, 2018, https://www.businessinsider.in/we- did- the-math- to- calculate- exactlyhow- much- money- billionaires- a nd- celebrities-like- jeff- bezos- and- kylie- jenner- make- perhour/articleshow/65552498.cms.

20. Eric Collins, "How Many Bacteria Are in the Ocean?" August 25, 2009, http://www.reric.org/wordpress/archives/648.

21. Kevin Loria, "The Giant Garbage Vortex in the Pacific Ocean Is Over Twice the Size ofTexas—Here's What It Looks Like," Business Insider, September 8, 2018, https://www.businessinsider.com/greatpacific- garbage- patch- view- study-plastic- 2018- 3.

22. Apple.com, iPhone 6S Environmental Report, https://www.apple.com/environment/pdf/products/iphone/iPhone6s_PER_sept2015.pdf.

23. Len Fisher, "If You Could Drive a Car Upwards at 60 mph, How Long Would It

Take to Get tothe Moon?" Science Focus, https://www.sciencefocus.com/space/if-you- could- drive- a- carupwards- at- 60mph- how- long- would- it- take- to-get- to- the- moon/. Jesper Sanders, "100+ Exclamations: The Ultimate Interjection List," Survey Anyplace Blog,March

24. 2017, https://surveyanyplace.com/the- ultimate- interjection- list/.

25. Chris O' Brien, "TED 2013: 'Factivist' Bono Projects Poverty Rate of Zero by 2030," LosAngeles Times, February 26, 2013, https://www.latimes.com/business/la- xpm- 2013- feb- 26- la- fi- tn- ted- 2013- factivist- bono- projects- pov erty-rate- of- zero- by- 2030- 20130226- story.html.

第11章：用數據說故事

26. Indeed data source: https://drive.google.com/drive/folders/1PmszxlVbtDP_npz5FMbkyOFnfg_s6U2O.

27. Stephen Galloway, "An Inconvenient Truth, 10 Years Later," The Hollywood Reporter,May 19, 2016, https://www.hollywoodreporter.com/features/an-inconvenient- truth- 10- years- 894691.

28. "Kurt Vonnegut on the Shapes of Stories," YouTube video, posted October 30, 2010,https://www.youtube.com/watch?v=oP3c1h8v2ZQ.

29. Andrew Reagan, "The Emotional Arcs of Stories Are Dominated by Six Basic Shapes," ArXiv,Cornell University, September 26, 2016, https://arxiv.org/abs/1606.07772.

30. Ronald Yates, "Study Says All Stories Conform to One of Six Plots," July 11, 2016, https://ronaldyatesbooks.com/2016/07/study- says- all- stories- conform- to- one-of- six- plots/.

31. SyberSafe, "A Data Breach May Be More Expensive Than You Think," July 20, 2018, https://sybersafe.com/2018/07/20/a- data- breach- may- be- more-expensive- than- you- think/.

版權註記

第2章：與決策者溝通

52   Tim Cook: Getty Images
        Indra Nooyi: Getty Images
        Shellye Archambeau:https://shellyearchambeau.com
        Richard Branson: Getty Images

第9章：正確說出數據規模

155   Steve Jobs: Getty Images
165   Worlds Smallest Computer: IBM Research,World's Smallest Computer,
        https://creativecommons.org/licenses/by- nd/2.0

第10章：人性化數據

182   Dr. Rosalind Picard: Courtesy of Dr. Rosalind Picard

第11章：用數據說故事

210   Al Gore, Documentary:An Inconvenient Truth 2006
211   Scott Harrison: Courtesy of Scott Harrison
212   Scott Harrison: Courtesy of Scott Harrison
213   Scott Harrison: Courtesy of Scott Harrison
214   Scott Harrison: Courtesy of Scott Harrison
215   Scott Harrison: Courtesy of Scott Harrison
216   Scott Harrison: Courtesy of Scott Harrison

致謝

一切的女王：瑪麗‧安‧博洛格夫（Mary Ann Bologoff）

創意總監：傑伊‧卡普爾（Jay Kapur）

藝術總監：法比安‧艾斯皮諾薩（Fabian Espinoza）、戴安德瑞‧麥西爾絲（Diandra Macias）

設計：愛絲琳‧道爾（Aisling Doyle）

英文版書封設計：強納森‧瓦倫特（Jonathan Valiente）

編輯：艾蜜莉‧羅斯（Emily Loose）

插圖與圖表：拉達‧喬希（Radha Joshi）、伊萬‧利貝拉托（Ivan Liberato）、瑞安‧穆塔（Ryan Muta）、安娜‧拉斯頓（Anna Ralston）、謝恩‧探哥（Shane Tango）

產品：艾琳‧凱西（Erin Casey）、泰瑞莎‧傑克森（Theresa Jackson）、安娜‧羅爾斯頓（Anna Ralston）、譚美‧張（Trami Truong）

註解：泰勒‧林奇（Tyler Lynch）

校對：大衛‧利特（David Little）、艾蜜莉‧威廉斯（Emily Williams）

案例研究：凱特‧德芙琳（Kate Devlin）、西迪亞‧岡薩羅（Xiddia Gonzalez）

圖片：丹‧加德（Dan Gard）、瑞安‧奧特（Ryan Orcutt）

特別感謝：泰麗莎‧貝利（Trisha Bailey）、查莉蒂‧坎尼（Chariti Canny），R.約瑟夫‧柴爾德博士（Dr. R. Joseph Childs）、唐娜‧杜爾特（Donna Duarte）、蜜雪兒‧杜爾特（Michael Duarte）、凱文‧富瑞生（Kevin Friesen）、梅根‧休斯頓（Megan Huston）、麥克‧帕基奧（Mike Pacchione）、凱瑞‧羅登（Kerry Rodden）

矽谷簡報女王用數據說出好故事
DataStory: Explain Data and Inspire Action Through Story

作者	南西‧杜爾特（Nancy Duarte）
譯者	顧淑馨
商周集團榮譽發行人	金惟純
商周集團執行長	郭奕伶
視覺顧問	陳栩椿

商業周刊出版部

總編輯	余幸娟
責任編輯	潘玫均
封面設計	萬勝安
內頁排版	点泛視覺設計工作室
出版發行	城邦文化事業股份有限公司 商業周刊
地址	104台北市中山區民生東路二段141號4樓
傳真服務	（02）2503-6989
劃撥帳號	50003033
戶名	英屬蓋曼群島商家庭傳媒股份有限公司城邦分公司
網站	www.businessweekly.com.tw
香港發行所	城邦（香港）出版集團有限公司
	香港灣仔駱克道193號東超商業中心1樓
	電話：(852)25086231　傳真：(852)25789337
	E-mail：hkcite@biznetvigator.com
製版印刷	中原造像股份有限公司
總經銷	聯合發行股份有限公司　電話：(02) 2917-8022
初版1刷	2021年3月
定價	420元
ISBN	978-986-5519-30-8

國家圖書館出版品預行編目 (CIP) 資料

矽谷簡報女王用數據說出好故事 / 南西 . 杜爾特 (Nancy
Duarte) 著；顧淑馨譯 . -- 初版 . -- 臺北市：城邦文化事
業股份有限公司商業周刊 , 2021.03

面；　公分

譯自 : Datastory : explain data and inspire action
through story

ISBN 978-986-5519-30-8(平裝)

1. 簡報

494.6　　　　　　110000412

藍學堂

學習・奇趣・輕鬆讀